恋上咖啡

鲍晓华 成文章/主编

清華大学出版社
北 京

内 容 简 介

本书共有五章，分别是咖啡的历史、认识咖啡、喝咖啡的艺术、各国咖啡文化和认证咖啡。咖啡的历史讲述了咖啡的起源传说、传播历史和在我国的发展；认识咖啡介绍了咖啡的栽培、加工、选购和保存咖啡豆的方法；喝咖啡的艺术讲述了咖啡的礼仪、萃取和花式咖啡品饮；各国咖啡文化主要介绍了各国咖啡馆的情况、喝咖啡的习惯和各国咖啡发展情况；认证咖啡介绍了精品咖啡、有机咖啡、4C 咖啡、雨林咖啡等。每章前有学习目标，每章后有复习思考题。本书可作为理学、工学、农学、文学等本、专科学生的通识课教材，也可作为了解咖啡的读本。

图书在版编目（CIP）数据
恋上咖啡 / 鲍晓华，成文章主编. —北京：清华大学出版社，2020.11（2022.3重印）
ISBN 978-7-302-56657-1

I. ①恋… II. ①鲍… ②成… III. ①咖啡—基本知识 IV. ① TS273

中国版本图书馆 CIP 数据核字（2020）第 207495 号

责任编辑：邓 婷
封面设计：刘 超
版式设计：文森时代
责任校对：马军令
责任印制：丛怀宇
出版发行：清华大学出版社
网 址：http://www.tup.com.cn，http://www.wqbook.com
地 址：北京清华大学学研大厦 A 座 **邮 编：**100084
社 总 机：010-83470000 **邮 购：**010-62786544
投稿与读者服务：010-62776969，c-service@tup.tsinghua.edu.cn
质量反馈：010-62772015，zhiliang@tup.tsinghua.edu.cn
印 装 者：保定市中画美凯印刷有限公司
经 销：全国新华书店
开 本：170mm×240mm **印 张：**16.25 **字 数：**217 千字
版 次：2020 年 12 月第 1 版 **印 次：**2022 年 3 月第 2 次印刷
定 价：49.80 元

产品编号：087476-02

前言

PREFACE

咖啡是世界著名三大饮品（咖啡、可可、茶叶）之一，也是世界上交易量最大的热带饮品原料之一，它在国际贸易中是仅次于石油的第二大原料型产品。咖啡逐渐进入了大众家庭，很多人在品饮咖啡时想对咖啡做进一步的了解，如：咖啡是如何发现的，是如何传到本地的；咖啡要怎样去冲泡，才能更适合自己的口感，在冲泡咖啡时，能否变出不同的形状和口感风味；冲泡咖啡的器皿较多，形态各异，具体如何操作。本书旨在培养服务地方经济的技能型、应用型咖啡冲泡、咖啡文化人才，着重阐述咖啡的起源、传播历史和发展；从咖啡的栽培条件、咖啡加工到咖啡豆的选购保存去充分认识咖啡；学习各国咖啡文化，掌握喝咖啡的艺术；懂得世界上的认证咖啡，在写作内容和形式上有创新。

2016 年笔者撰写了咖啡文化与冲泡技能的培训实施方案和教学要件，在 2017 年开始实施咖啡文化与冲泡技能的培训，至今培训已进行了 10 多期，培训内容经整理、补充、提升，组成了本书的内容。

本教材共五章，以实用和便于学习为目的，进行咖啡文化的熏陶。读者可以从中学习冲泡咖啡的方法，懂得品饮咖啡是一门艺术，同时得以了解各国咖啡文化。随着时代的进步，咖啡已经成为人们生活中的一部分，热爱咖啡的人应该懂得有机咖啡、4C 咖啡、雨林咖啡等相关知识，以丰富自己对咖啡的认知。

本书第二章、第三章由鲍晓华编写；第四章和第五章由鲍晓华和刘婧玥编写；第一章由成文章、刘婧玥、者海云 、刘杰编写；鲍晓华负责全书的统稿工作。

在编写《恋上咖啡》时，因为我是项目“普洱小粒咖啡品质提升创新团队”（项目编号：CXTD002）的带头人，所以可以用该项目的经费开展工作；另外，本书借助云南省科技厅的“云南省咖啡品质优化及价值提升公共科技服务平台”做了很多试验，由该平台资助出版。

由于编写时间仓促，书中疏漏和不妥之处在所难免，希望能得到诸位同人和读者的指正。

鲍晓华

2020 年 11 月

目录 CONTENTS

第一章 咖啡的历史

学习目标：

1. 掌握咖啡的传播历史，云南咖啡的发展历史；
2. 理解海南咖啡的发展历史；
3. 了解牧羊人的故事和阿拉伯酋长的故事，台湾咖啡的发展历史。

第一节　咖啡的起源传说

从第一粒咖啡果的采摘，到第一杯咖啡的飘香，再到如今各类咖啡的盛行，关于咖啡的故事可谓众说纷纭、迷雾重重。关于咖啡的起源传说中，牧羊人的故事和阿拉伯酋长的故事传播最广，最为人所津津乐道。

一、牧羊人的故事

1671年，黎巴嫩语言学家浮士德·内罗尼在他的著作《不知道睡觉的修道院》中记载了关于咖啡被发现的一个有趣的故事。大约在公元6世纪时，非洲埃塞俄比亚高原上的人们主要以放牧为生，其中一位名叫卡尔迪的牧羊人发现他的羊群异常兴奋，不分昼夜地活蹦乱跳。之后，他开始仔细观察羊群的活动，经过多次探查后他发现，他的羊群总喜欢到山丘的灌木丛中去吃一些挂满枝头的红色小果实，吃过后不久，羊群就开始不由自主地兴奋不已。卡尔迪见这种红色的、小小的果实竟然有如此神奇的功效，便好奇地采摘了一些成熟的果实，准备亲口尝尝。结果，他惊奇地发现，这种红色的果实不仅酸甜可口、留有余香，而且在吃过后不久，他还感觉到自己倦意全无、充满活力，整个人神清气爽、精神倍增。之后，他将这个秘密告诉了附近修道院的僧侣们，僧侣们在品尝过后都觉得精神振奋、格外兴奋。此后，这种果实就被人们当作提神药，而这种红色的果实就是咖啡果。此后，人们慢慢地开始尝试着咀嚼咖啡豆、用水来煮着喝，这种风气开始于埃塞俄比亚，之后迅速传到了阿拉伯各国。

二、阿拉伯酋长的故事

阿拉伯酋长的故事最早被记载于伊斯兰教教徒阿布达尔·卡迪的《咖啡的来历》（1587年）一书中。在公元1258年，阿拉伯半岛的守护圣徒雪克·卡尔第的弟子雪克·欧玛尔是也门摩卡地区的一位酋长。雪克·欧玛尔在年轻的时候，因犯下了一些罪行，被族人放逐到了离家乡很远的瓦萨巴。在被放逐的途中，筋疲力尽、疲惫不堪的雪克·欧玛尔经过一处山丘时发现，枝头的鸟儿雀跃地发出一种他从未听过且婉转动听的啼叫声。他仔细观察后发现，这些鸟儿在啄食了枝头那一串串红色的小果实后，便开始了极为动听的啼叫。饥寒交迫的雪克·欧玛尔便采摘了一些成熟的果实放入锅中熬煮，随着温度的升高，锅中慢慢散发出一股浓郁的香气，当他喝下熬煮出来的水时，顿觉爽口、舒服，疲惫感一扫而空，整个人感觉恢复了元气。雪克·欧玛尔非常兴奋，之后便采摘了许多红色的小果子，每当遇到生病的人，他就拿出这种果子熬水给他们喝，让他们恢复精神。他这样日复一日地到处行善，族人便慢慢原谅了他，让他回到了自己的故乡，并推崇他为圣者。据说，这种具有神奇功效的红色果子就是咖啡果。

在这两个故事里，发现咖啡的主人公都是阿拉伯人，这可能与咖啡最早得以大规模地种植和饮用都出现在阿拉伯有关。当然，关于咖啡的起源，除了以上这些说法，在北非、中东地区也流传着各种各样、不同版本的故事。尽管历史学家们收集了大量的资料，但是至今仍然没有人能够准确地说出咖啡具体是在什么时间、以什么样的方式被人们发现的。因此，在寻找咖啡起源的路上，仍然笼罩着迷雾。

三、加布里埃尔·马蒂厄·德·克利的故事

加布里埃尔·马蒂厄·德·克利的故事是一个浪漫的故事。大约在

1720年，在马提尼克岛（Matinique）任职的法国海军军官加布里埃尔•马蒂厄•德•克利在即将离开巴黎的时候，设法弄到了一些咖啡树，并决定把它们带回马提尼克岛。他一直精心护理着树苗，把它们保存在甲板上的一个玻璃箱里，以防潮和保温。德•克利在旅途中遭遇了海盗，经历了暴风雨和同船船员的嫉妒和破坏，甚至在饮用水短缺的时候，省下自己喝的水来浇灌树苗，终于，他的咖啡树在马提尼克落地生根，1726年获得首次丰收。据说到1777年时，马提尼克就有了18 791 680棵咖啡树，对此，加布里埃尔•马蒂厄•德•克利功不可没。1724年11月30日，他在巴黎逝世，1918年，人们在马提尼克的法国福特植物园为他建了一座纪念碑。

第二节　咖啡在世界的发展

最早，阿拉伯人常把咖啡豆晒干熬煮后的汁液当作胃药来喝，认为有助消化，后来才发现咖啡还有提神醒脑的作用，就将其作为提神的饮料而时常饮用。15世纪以后，从世界各地前往麦加的人们陆续将咖啡带回了自己的居住地，使咖啡渐渐流传到埃及、叙利亚、伊朗和土耳其等国。咖啡进入欧陆，当归因于土耳其当时的奥斯曼帝国，由于嗜饮咖啡的奥斯曼大军西征欧陆且在当地驻扎数年之久，在大军最后撤离时，留下了包括咖啡豆在内的大批补给品，维也纳和巴黎的人们才得以凭着这些咖啡豆和从土耳其人那里得到的烹制经验而发展出欧洲的咖啡文化。战争原是攻占和毁灭，却意外地带来了文化的交流乃至融合，这恐怕是统治者们所始料未及的。

根据韩怀宗所述，1511年是咖啡史的分水岭。1511年以前，可视为咖啡的"史前时代"，人们全靠传说与神话来诠释咖啡的起源；1511年以后，可视为咖啡的"有史时代"，阿拉伯知名咖啡史学家贾吉里的论述便是在此时应运而生的。

一、咖啡的“史前时代”

（一）公元 6 世纪至公元 7 世纪

虽然有关咖啡起源的传说各式各样，但是，人们不会忘记，非洲是咖啡的故乡，咖啡树很可能就是在埃塞俄比亚被发现的。有历史学家证明，咖啡树在公元 575 年到公元 850 年，从现在的埃塞俄比亚传到了阿拉伯，但是直到 15 世纪，咖啡才得到了较大的发展，开始了周游世界的伟大旅程。

最早与咖啡结缘的应属东非的盖拉族（Galla），虽然族人已正名为奥罗摩族（Oromo），但欧美国家至今仍用“盖拉”这一族名称呼之。盖拉族是埃塞俄比亚的主要民族之一，占该国人口的30%以上。公元前2000年，古老的盖拉族就在今天的索马里一带游牧，后来被索马里兴起的民族赶到了今日的埃塞俄比亚与肯尼亚。好战成性的盖拉族，最初以咀嚼咖啡果叶来提神，与今日的泡煮咖啡大异其趣。古代盖拉族人常摘下咖啡果捣碎，裹上动物脂肪揉成小球状，当成远行、征战或壮胆用的“大力丸”。盖拉族人宣称“大力丸”足以供应一整天的体力，是攻敌制胜的最佳口粮，比肉类或干粮更有效，因为“大力丸”不但可果腹，更可在瞬间鼓舞士气、增强战斗力。历史学家认为，盖拉族早在公元 6 世纪时就知道了咖啡果的妙用，目前仍保有吃“大力丸”或以咖啡果酿酒的习俗。

（二）公元 8 世纪至 14 世纪

盖拉族人虽然很早就知道咖啡果的妙用，但与咖啡有关的文献一直到公元 9 世纪才首次出现，当时这种果实不叫咖啡，而被称为“邦”（bunn），埃塞俄比亚目前仍沿用此古音来称呼咖啡果子。波斯名医拉齐（Rhazes，865—925）所撰的九大册医药百科《医学全集》是目前所知最早论及咖啡的文献。他在书中提到：“一种以邦熬煮的汁液称为‘邦琼’（bunchum），具有燥热性，益胃，可治疗头疼、提神，喝多了令人难入眠。”这简短的几句话，是目前所知最早的与咖啡有关的文献。拉齐是中世纪时的重量级医学家，他对世人的贡献是最早发现了硫酸和乙醇，为现代医学和化学奠定了基础，他也是最早对过敏与免疫力进行过论述的医生。另一位波斯名医艾维席纳（Avicenna，980—1037）所著的《医药宝典》（*The Canon of Medicine*）亦提到了咖啡的疗效："邦琼可增强体力，清洁肌肤，具有利尿除臭功能，让全身飘香。"由此可见，最早涉及咖啡的文献均与医疗与药物有关，迥异于如今作娱乐、提神用的咖啡饮料。艾维席纳在医疗文献中指出，邦琼有疗效，但不普及，知道药性的人不多，用法从埃及、利比亚和埃塞俄比亚传入波斯，仅限阿拉伯贵族使用。

咖啡饮料的演进历程相当缓慢，在公元 10 世纪至 11 世纪这 100 年的悠悠岁月中，目前只知仅出现上述两篇与咖啡有关的记载。最初，人们食用咖啡只是为了解除困倦，或被医生用以帮助人们保护"胃、皮肤和各种器官"，直到后来与水混合，才变成一种饮料。当时的人们把一些完整的豆荚浸泡在冷水中，再把它们放在火上烘烤，然后放在水里煮大约 30 分钟，直到产生淡黄色的液体，这种液体便是咖啡饮料的雏形。

12 世纪至 14 世纪，咖啡演化史进入了 200 年的空白期，史学家上天下海亦难找到确切的关于咖啡的文献。换句话说，公元 1400 年以前，咖啡饮料尚未出现，仍停滞在药用阶段。显然，"邦"和"邦琼"除了具有医药用途外，还需外力催化才能升级为社交饮料，而明朝郑和七次下西洋，正无心插柳地促成了这件美事。

（三）15 世纪

公元 1500 年以后，阿拉伯才有零星文献记载称，在公元 1400—1500 年，也门摩卡港和亚丁港突然流行饮用一种名为"咖许"的热饮。这种饮料就是把红色咖啡果子摘下、晒干后，将其内的咖啡豆丢弃不用，再将晒干的咖啡果肉置入陶盘，以文火浅焙后捣碎，再以热水泡煮，趁热

饮用。因果肉中仍含有少量咖啡因，因此制成的饮料亦有提神效果，且风味远比嚼食咖啡果叶更甘甜可口，很快就传遍了阿拉伯半岛，到15世纪末时传到了麦加，随后被来自世界各地的人们接受并把饮用咖啡的方法和习惯带回了各自的国家，这为咖啡在世界各国的传播和流行创造了客观的条件。

另外，咖啡得以从功能性饮料、医生的配方药品发展成为大众饮料，与我国15世纪的航海家郑和也有一定关联。1405—1433年，明朝三保太监郑和带领大舰队七次下西洋，最远抵达了红海海滨的也门、索马里和肯尼亚。国家地理频道曾报道，肯尼亚附近的小岛至今仍住着郑和下西洋时，舰上官兵在非洲留下的后裔，岛民甚至展示了明代的陶碗、器皿作为佐证，这为茶与咖啡曾在历史上的交会留下了浪漫的联想。郑和每次出航都会带着茶砖同行，除了当作馈赠友邦的礼物外，也大方地向也门统治者展示了我国的以茶待客之道。此举带给阿拉伯部族莫大的启示：为何中国人可以把提神的茶饮当成平民化娱乐饮料，而中东的“邦”或“邦琼”却仅局限于药用或祈祷专用，它们是否也能跳出桎梏另辟出待客与社交方面的商机呢？这些想法的酝酿发酵，加速了15世纪末至16世纪初咖啡的发展脚步。另外，郑和返国后，明朝关闭了对外通商的渠道，致使茶叶不易输入中东，提神饮料的短缺使阿拉伯人只好回头启用自家的提神饮料，这令咖啡再度受到重视。

再从杯具的角度来看，早期的咖啡杯亦有茶杯的影子。15世纪末时的也门咖啡杯较大，类似我国的茶碗。到了16世纪，土耳其人发明重烘焙、细研磨的土耳其咖啡后，杯具就比早期的小多了，极像中国的小茶杯，显然也是受到中国茶具的影响。从郑和下西洋的时间、地点恰巧与阿拉伯咖啡世俗化的时间与地点吻合，以及中东咖啡器皿神似中国茶具这两方面来看，郑和待客用的茶砖很可能就是推动咖啡走入民间的触媒。

二、咖啡的“有史时代”

（一）16 世纪

16 世纪初期，也门开始流行用浅焙咖啡豆与晒干的果肉一起磨碎后滚煮饮用，但此方法传到土耳其后，人们便舍弃了果肉部分，全部以中深度烘焙的咖啡豆来制作，并称其为“咖瓦”，土耳其语称为 Kahwe。当咖啡和咖啡馆遍及各地时，咖啡馆却因为其“城市民众言论的集散地”和“政治辩论中心”的特性而一度被君主下令关闭。

1511 年 7 月，麦加总督贝格颁布麦加咖啡禁令后，便请法典专家拟妥法律文件后递送到开罗最高当局，恳请当局全面查禁咖啡，但开罗的复文只认同聚众喝咖啡闹事为非法行为,并未禁止咖啡本身。消息传开后，麦加百姓乐不可支，他们不再关起门偷喝咖啡，因为只要不闹事，公开喝咖啡也没什么不行，人们对咖啡的喜爱无法被禁止，如此一来，咖啡禁令最终不了了之。

1526 年，知名法典专家埃拉克抵达麦加考察时，发现咖啡馆里出现聚赌包娼、吸食鸦片等行为，便下令关闭咖啡店，但仅限于非法咖啡店而已，并未查禁咖啡本身，喝咖啡依然是合法的。另外，妇女在街头叫卖咖啡时只要戴上面纱就不违法。

1536 年，奥斯曼帝国攻陷也门，发现也门人只取用咖啡果肉来泡煮饮料，而丢弃咖啡豆不用，对此颇感可惜，于是他们收集也门的弃豆以供出口，由此获得了丰厚的收益。土耳其人很精明，为了垄断市场，他们在出口生豆前，会先以沸水煮制或大火烘炒过才输出，以免咖啡种子在他国生根，打破垄断厚利。

1538 年，奥斯曼帝国占领了也门。此时，当地的咖啡种植已颇具规模，土耳其人就利用当地丰富的咖啡豆资源，经后来历史上著名的也门摩卡港出口至欧洲各地，垄断了咖啡的供应市场，赚取暴利。如今的摩卡港由于淤塞问题已经无法再用，这条古老而繁荣的咖啡通道最终被苏伊士运河取代，但“摩卡咖啡”却作为咖啡馆菜单上的一个“固定节目”被保留了下来。

1574年，荷兰植物学家克鲁西尤斯（Carolus Clusius，1526—1609，他是促成中东郁金香走红欧洲的功臣）曾在印刷品中介绍了咖啡豆，这是欧洲较早的咖啡文献。1582年，德国植物学家罗沃夫（Leonhardt Rauwolf,1540—1596）在关于中东的游记中也提到了“咖瓦”和“咖许”，这是欧洲人介绍咖啡的第一本书。1592年，意大利植物学家艾宾努斯最先在出版物中刊出了咖啡树手绘图。

咖啡于16世纪初期逐步走向平民化，尽管由于争议不断，迭遭官方时松时紧的政策打压，但法令却终究抵不过老百姓想喝咖啡的强烈欲望。

（二）17世纪

研究发现，也门是最早开始大面积种植咖啡的地区，阿拉伯人一直坚持禁止咖啡种子的出口，甚至还为此制定了严明的法律，但是最终这道关卡还是被荷兰人突破了。16世纪至17世纪时，荷兰作为当时世界上最强大的殖民国家，拥有庞大的商船和战舰规模，船只航行在世界上许多重要的航线上，不仅对外开拓疆土，还进行着大宗的贸易往来。面对咖啡具有的极大利润的诱惑，荷兰人曾设想开展自己的咖啡生产基地，从而获取巨大的利润，但是他们无法说服阿拉伯人向他们出口咖啡树苗或咖啡种子，于是经过了周密的计划安排，他们终于在1616年偷偷地将咖啡的树苗和种子通过戒备森严的摩卡港，运到了荷兰。

荷兰人把咖啡树苗和种子运回国之后，就开始在仿有阿拉伯环境、温度和湿度的温室中进行培育和种植，并且最终获得成功。1690年，凭借从阿拉伯地区“走私”而来的咖啡种子，荷兰成为第一个栽种和出口咖啡的国家。随着殖民活动的进行，荷兰人把咖啡带向了全世界，其海外殖民地曾一度成为欧洲的主要供应地。阿拉伯人没能将咖啡在亚洲传播开来，荷兰人却做到了。在对外殖民的过程中，荷兰人在印度的马拉巴种植咖啡后，又在1699年将咖啡带到了现在印尼爪哇的巴达维亚。目前，印度尼西亚已成为世界上第四大咖啡出口国。

1615年，威尼斯商人小量进口了一批咖啡豆，这是欧洲实际进口咖啡豆的首次记录。1645年，欧洲首家咖啡屋在威尼斯开张，而最著名的要数1720年在圣马可广场开业的佛罗里昂咖啡馆，该店至今仍然生意兴隆。

早在17世纪初就有不少英国人开始喝咖啡了，相关的最早文献记录出自1637年英国作家伊夫林（John Evelyn，1620—1706）的日记，他在牛津认识了一位来自克里特岛的学生康纳皮欧，后者到英国读书后，每天早上都要喝土耳其咖啡，并与友人分享。

1650年，黎巴嫩移民贾克柏在牛津开设了英国第一家咖啡馆，客人清一色全是大学生。1655年，当地一家药房的药剂师提亚德（Arhur Tllyard）在大学生的说服下在牛津大学附近开设了一家咖啡馆。后来，提亚德咖啡馆居然成了牛津大学师生的学术讨论场所，连知名的化学家博伊尔也是那里的常客。牛津大学师生就在提亚德咖啡馆成立了牛津咖啡俱乐部（Oxford Coffee Club），1660年发展成知名的英国皇家学会（Royal Society），全名为伦敦皇家自然知识促进会（The Royal Society of London for the Improvement of Natural Knowledge）。

1652年，亚美尼亚移民罗塞（Pasqua Rosee）率先在伦敦开设咖啡馆。1666年，咖啡馆在伦敦大行其道，成为最流行的女士休闲场所和最佳的男士评论场所，酒馆的客流量因此锐减，影响了政府对酒精饮品的税收，当局因此开征咖啡税，每卖1加仑咖啡抽取4便士税金，但这丝毫不影响咖啡热潮的升温。

1688年，劳埃德咖啡馆（Edward Lloyd' s）在泰晤士河畔的塔街（Tower Street）开张营业，并迅速成为水手、商人和船老板交换商情的场所，劳依兹顺水推舟地开始提供货船进出港时间表，以吸引更多买卖海事保险

的商人来店里聚会交易。1691 年，该咖啡馆场地不敷使用便迁往了兰巴德街（Lombard Street），此处也成为劳依兹保险集团的发迹之地，英国官方颁赠的“蓝色小牌子”（Blue Plaque），见证了它的古老历史。直至今日，劳依兹保险集团总部穿制服的接待人员仍依早期咖啡馆样被称作“侍者”，彰显出其背后悠久的咖啡历史。

另外，伦敦证券交易所也是由咖啡馆演化而来的。1680 年，乔纳森·迈尔斯（Jonathan Miles）在交易街（Exchange Alley）开设了乔纳森咖啡馆（Jonathan's Coffee-House），并提供各项商品的价目信息，与皇家交易中心抢生意，最后演变成今日的伦敦证交所。

1696 年和 1699 年，荷兰东印度公司从印度西部的属地马拉巴移植了两批铁毕卡树苗至爪哇岛试种，爪哇农民对此颇感兴趣并努力栽植，最终一举成功，开启了荷兰殖民地的咖啡栽植历史。

17 世纪中叶以后，伦敦咖啡馆数量暴增，重创了麦酒和啤酒产业。到 17 世纪末，整个欧洲遍布供人们聚会和高谈阔论的咖啡馆。

（三）18 世纪

18 世纪时，咖啡已成为大众饮料，欧洲遍地都是咖啡馆，咖啡豆消耗量剧增，光靠也门摩卡已不敷所需。咖啡栽培史也在这一时期发生了重要转折。荷兰为移植到殖民地而精心培育的“咖啡母树”（the Tree），以及法王路易十四与路易十五、法国海军军官德·克利（De Clieu）和法属波旁岛，均在这其中扮演了重要的角色，共同执行了这场咖啡树世纪大移植的重任，谱写出了脍炙人口的传奇。英国因缘际会之下在南大西洋的圣海伦娜孤岛撒下了咖啡树的种子，后来这里成为拿破仑战败后的囚禁地，由此意外地捧红了圣海伦娜咖啡。

1700 年以前，全球仅也门有大规模的咖啡栽培和野生咖啡树，奥斯曼帝国不准也门以外的地区种植咖啡，但早在 16 世纪，已有迹象显示奥斯曼帝国很难独吞利润丰厚的咖啡市场。

1706年，荷兰人骄傲地将一株爪哇咖啡树运回阿姆斯特丹皇家植物园的暖房培育后代，1713年这棵树开花结果，成了欧洲的“咖啡母树”。印度尼西亚和中南美在1700年以前并无咖啡树。表1-1所示为“咖啡母树”移植中南美情况明细表。

表1-1　咖啡母树移植中南美情况明细表

时间（年）	事　　件
1616	荷兰船长德波耶克盗取摩卡咖啡树回国培育“咖啡母树”（铁毕卡）
1658	荷兰人移植“咖啡母树”后代至斯里兰卡繁殖失败
1699	荷兰移植印度马拉巴咖啡树至爪哇试栽成功
1706	荷兰再移植爪哇咖啡树回国培育“咖啡母树”（铁毕卡）
1708	法王路易十四盗取也门摩卡树回国移植失败
1713	荷兰“咖啡母树”开花结果
1714	荷兰赠送“咖啡母树”后代给法王路易十四
1715—1719	法王路易十五移植“咖啡母树”后代至中南美失败
1720—1723	法国军官德克利盗取巴黎暖房“咖啡母树”后代（铁毕卡）至马提尼克岛种下
1726	“咖啡母树”硕果累累，成为中南美的“咖啡树小祖宗”（铁毕卡）

1708年，法国仿效荷兰，从摩卡盗取一株咖啡树移植回法国东部的第戎（Dijon）试种，可这棵树水土不服，枯萎死去，终究没能在法国本土生根。

1711年，法国人波瓦文（Louis Boivin）在波旁岛海拔600米以上的圣保罗首度发现了一种原生阿拉比卡咖啡树，其果实成熟后，果皮不是红色而是褐色的，当时被称为褐果咖啡，后来经法国知名植物学家拉马克（Jean Baptiste Lamark，1744—1829）确认，为该品种的咖啡取名为“Cofea Maritiana”。波旁岛是除埃塞俄比亚之外，全球第二个有原生阿拉比卡咖啡的地方，法国人为此窃喜不已，试喝后却发现褐果咖啡苦味稍重，在法国没什么市场，于是法国人于1715年从也门运来60株摩卡圆身咖啡取代苦味重的褐果咖啡。这种摩卡咖啡树很适应波旁岛的气候，为了与荷兰的“铁毕卡长身豆”加以区别，法国人为其取名为“波旁圆身豆”，

或称“绿顶波旁”。1724 年，法国出口第一批重达 1 700 千克的波旁咖啡豆，1734 年出口量增加至 44.8 万千克，但在 1827 年达到最高峰——244 万千克后开始走下坡，原因在于波旁岛位置较为偏远，竞争不过更靠近欧洲市场的中南美咖啡。

1718 年，荷兰人又把咖啡田从爪哇扩张到了邻近的苏门答腊和苏拉威西。1711 年，爪哇输出第一批咖啡豆进入欧洲，重达 450 千克。1721 年，爪哇、苏门答腊和苏拉威西的咖啡出口量暴增到 6 万千克。到了 1731 年，荷兰东印度公司已能够自给自足，因此停止向也门摩卡购买咖啡豆，爪哇咖啡从此与摩卡分庭抗礼，成为家喻户晓的商品。欧洲列强抢种咖啡的竞赛中，荷兰人捷足先登，遥遥领先于法国和英国。

1715 年，法国人将咖啡树种带到了波旁岛。

1718 年，荷兰人最先将咖啡传到了中美洲和南美洲，拉开了世界咖啡中心地区（南美洲）种植业飞速发展的序幕。咖啡由荷兰的殖民地传到了法属圭亚那和巴西，后来又由英国人带到了牙买加（1730 年，英国将铁毕卡引进牙买加，造就了日后闻名于世的蓝山咖啡），到了 1925 年，种植咖啡已成为中美洲和南美洲的传统。

1720 年以后，全球咖啡栽培业开始从也门转向亚洲和中南美的列强殖民地，爪哇与巴西咖啡强势崛起，摩卡应声陨落，其重要性大不如前，成了最大的输家。1720 年 12 月 29 日，佛罗里昂（Floriano Francesconi）在圣马可广场行政官邸的拱廊下，开了一家胜利威尼斯咖啡馆（Cafe Alla Venezia Trionfante）。这家咖啡馆起初只有两个精简装潢的小厅，生意兴隆但客人不喜欢绕口的店名，改以老板名字称之，店老板只好从善如流，更名为佛罗里昂咖啡馆（Cafe Florian）。开业至今，饕客如织，目前仍是全世界持续营业最久的咖啡馆候选者之一。

1723 年，法国人加布里埃尔·马蒂厄·德·克利（Gabrie Mathieu De Clieu）将咖啡树苗带到了马提尼克岛。

1727 年，南美洲的第一个咖啡种植园在巴西帕拉建立，其引进了咖啡树，随后开始在里约热内卢附近栽培。

1730 年，英国将铁毕卡引进牙买加，造就了日后闻名于世的蓝山咖啡，美国则于 1825 年才从夏威夷引进铁毕卡。荷兰挟着爪哇、苏门答腊、斯里兰卡、苏里南发展出庞大的产能，成为 18 世纪时的全球咖啡交易中心，咖啡价格也从 18 世纪初贵得离谱的状态下滑到 18 世纪中叶后平民也消费得起的程度。由于列强在殖民地剥削了数十万非洲奴隶种植咖啡，价格也远比也门摩卡更有竞争力，产能也更大，摩卡咖啡自 16 世纪起建立起的垄断局面，到了 18 世纪中叶被彻底打破，其重要性也一年不如一年。

1732 年，英国东印度公司在圣海伦娜岛栽下摩卡咖啡种子后，不曾有任何人追踪此事，直到 1814 年才有人首度宣称在该岛上发现咖啡树。同样是在 1732 年，哥伦比亚引进咖啡树开始种植。

18 世纪中叶以后，咖啡成了欧陆国家最重要的热饮，但其在英国的地位却逐渐被热茶取代。原因很复杂，首先英国染指产茶的印度，官方大力推广殖民地茶叶，导致咖啡被冷落。其次，英国乳品的质量比不上法国，牛奶价格也远比法国贵，由此造成早期英国咖啡馆多半不加奶，即使加奶，加的也是过期的酸奶，这不利于咖啡馆运营。

德国音乐家巴赫于 1734 年创作的《咖啡清唱剧》诙谐地唱出了当时德国人对咖啡的狂热程度以及咖啡的争议性。

中南美洲的危地马拉于 1750 年至 1760 年开始种植咖啡，1777 年，马提尼克岛的咖农种下了约 1 900 万株咖啡树。1779 年，咖啡从古巴传入了哥斯达黎加。1784 年，委内瑞拉引进咖啡树并开始种植。1790 年，咖啡第一次种植在墨西哥。

就在 18 世纪，印度的咖啡源源不断地销往欧洲。后来，荷兰和法国在拉丁美洲的殖民地先后种植了咖啡，并逐渐向赤道附近地区发展。因殖民地重税，波士顿爆发“倾茶事件”，随后当地人由喝茶转向喝咖啡，

咖啡由此成为美国普遍的饮料。美国目前已成为世界第一大咖啡消费国。

阿拉比卡咖啡从埃塞俄比亚传到也门，又依序扩散到了印度、斯里兰卡、爪哇、波旁岛、苏门答腊、苏拉威西、加勒比海诸小岛、中南美洲和圣海伦娜岛，这一路径与欧洲列强侵略或吞并海外殖民地的路径恰好一致，可见，咖啡的栽种史其实就是浪漫的传奇与列强侵略血泪史的综合体。没有欧洲霸权大肆抢种咖啡，咖啡种子不可能迅速扩散到亚洲和拉丁美洲，产量也不可能快速提高，咖啡更不可能成为今日最普遍的饮品。就在列强欺压弱势民族的同时，咖啡逐渐成为新兴的饮料，也变成 18 世纪工业革命后，工人最佳的提神饮料。

（四）19 世纪

1822 年，法国人 Louis Bernard Babaut（路易斯·伯纳德·巴比特）最先发明了利用蒸汽的浓缩咖啡机。

1825 年，来自里约热内卢的咖啡种子被带到了夏威夷岛，并出现了夏威夷科纳咖啡。

1843 年，Edward Loysel de Santais（爱德华·洛瓦塞尔）将浓缩咖啡机商品化，并于 1855 年巴黎的世界博览会上，将其呈现在世人面前。

1878 年,英国人将咖啡带到了非洲,并在肯尼亚建立了咖啡种植园区。

1887 年，法国人带着咖啡树苗在越南建立了种植园。

1896 年，咖啡开始登陆澳大利亚的昆士兰地区。

19 世纪末，咖啡开始在我国台湾种植，随后传入云南省。

19 世纪时，喝咖啡已成为一种时尚，在当时，土耳其的伊斯坦布尔已经拥有超过两千五百家咖啡馆，法国已有三千家。随着咖啡风靡整个世界，1884 年在意大利都灵举办的世博会上，意大利人 Angelo Moriondo 为自己发明的机器申请了一项名为“蒸汽操作的快速制作咖啡的设备”的专利，这就是意式咖啡机的雏形，也是第一台使用水和蒸汽压力的大型咖啡设备，可以同时冲煮较多咖啡液体，它不同于不断改进后的意式浓缩咖啡机。19 世纪时，人们还发明了把咖啡豆放在密封容器内以天然瓦斯加热的烘焙方法，此法至今仍受到人们的喜爱。

19 世纪后，咖啡成了美国重要的进口商品，囤货居奇的情况时有所闻。当时美国咖啡消费量虽大，却重量不重质，只要有咖啡因就好，故被讥为“牛仔咖啡”。

（五）20 世纪

1900 年，希尔兄弟咖啡公司开始用真空罐包装烘焙好的咖啡。在旧金山，到处都是烘焙店和研磨机。

1901 年，米兰工程师鲁伊吉 • 贝瑟拉（Luigi Bezzera）发明了浓缩咖啡机的雏形版，这种咖啡机的内部有一个盛水用的内锅炉，外部配置多个像莲蓬头一样的出水组件。在冲煮咖啡的时候，先引流热水到咖啡粉的上方，并随之释放蒸汽压力，以高压的热水穿过咖啡，直接流入杯子里。然而，这种咖啡机的萃取水温高达 100℃，咖啡焦苦咬喉。贝瑟拉的处女版浓缩咖啡机，虽然便捷却无法泡出美味的咖啡，但是已经为咖啡的萃取注入了巧思与创意。

1903 年，德国的进口商人路丁 • 劳瑟拉斯发明了将咖啡因去除而不破坏咖啡原味的制造流程，称为“圣卡”。

1906 年，住在危地马拉的英籍化学家乔治 • 康士坦特 • 华盛顿开始了速溶咖啡的大量制造。

1923 年，“圣卡”登陆美国。

1930 年，瑞士的维贝热纳斯尔公司受巴西咖啡协会的委托，开始研究把咖啡豆制成可溶性咖啡粉的方法。经过 8 年的研究，终于获得成功，制成了世界上最早的商品化速溶咖啡。

1938 年，雀巢公司协助巴西解决咖啡生产过剩的问题，雀巢咖啡在瑞士应运而生。

1938 年，一位名叫 Achille Gaggia 的咖啡师（米兰人）设计出了一种

咖啡机拉杆。拉下杠杆，热水就会从冲煮头喷出进入粉碗。这一设计使机器水压从之前的 1.5 倍大气压提高到了 9 倍，后来 9 倍大气压就成了意式咖啡机锅炉的行业标准。双锅炉设计也在这一时期出现，于是制作现代意式咖啡的两个重要元素——高水压和稳定水温至此全都具备。

改良之后，意式咖啡机不但能以极高的效率稳定制作咖啡，而且在萃取出的咖啡上出现了使意式咖啡明显区别于其他萃取方式的咖啡油脂——Crema。今天，这种浮在意式咖啡上的泡沫被很多人用来当作衡量咖啡萃取质量的标准。

1966 年，荷兰人毕特（AIfred Peet）在加州伯克利开了一家叫作“毕兹咖啡与茶”（Peet's Coffee and Tea）的咖啡馆，擅长深度烘焙的他，让美国人对重度烘焙咖啡的润喉甘甜有了全新的认识。谁说重焙咖啡只有焦苦味？问题在你会不会正确烘焙。“毕兹咖啡与茶”的庞大的忠实消费者们均以“Peetniks”自称，这是很有趣的文化现象，亦点燃了美国精品咖啡的火苗。

20 世纪六七十年代，咖啡机中出现了专门的水泵，用来代替手拉杠杆，以更稳定地释放高压热水，从而让“半自动咖啡机”在市场上全面替代了之前需要咖啡师手拉杠杆操作的“手动咖啡机”。

1970 年以后，星巴克、乔治·豪厄尔（George Howell）等咖啡馆陆续开业，1995 年，后起之秀“知识分子咖啡”（Intelligentsia Coffee）在芝加哥开业，由此加入精品咖啡品牌的阵营。在它们的推动之下，精品咖啡在美国扎下了稳固的根基，成了全球精品咖啡大本营，一扫昔日“牛仔咖啡”的恶名，成为咖啡史上另一个里程碑。

第三节　咖啡在我国的发展

公元 1300 年前，中国人已爱上了咖啡因饮料，我们借由喝茶摄取提神醒脑又助兴的咖啡因，堪称世上最早推广咖啡因饮品的民族。虽然中国人喝茶的历史长达 1 000 多年，但喝咖啡的历史却仅有百年的岁月。我国最早的官方记录的有关咖啡的文献出现距今不过 100 多年，比起 15 至 18 世纪亚洲阿拉伯半岛、印度尼西亚、中南美和欧美兴盛的咖啡产业晚了 200 ~ 500 年。欧洲迟至 17 世纪中叶才出现咖啡馆，换言之，咖啡馆文化形成距今至少已有 300 年，但它直到 20 世纪初才风靡我国的上海、广州、昆明等地，在我国的历史不到百年。我国最早的官方咖啡文献的出现时间较之世界最古老的咖啡文献，也晚了 300 年。

我国最早于 1884 年引种咖啡于台湾。1908 年，有华侨自马来西亚带回大粒种、中粒种并在海南岛试种。1912—1935 年，华侨又分批从马来西亚、印度尼西亚将咖啡引入海南岛试种。新中国成立后，咖啡生产发展较快，主要栽培区在云南、广西、广东、海南等地，其中海南省以中粒种为主要栽培品种，云南、广西、广东湛江等地以小粒种为主要栽培品种。现我国全国咖啡种植面积为 212 平方千米，收获面积为 160 平方千米，年产量达 2.1 万吨。云南、海南和台湾作为我国咖啡种植的主要地区，绘成了我国咖啡种植产区的版图。我国不仅鼓励咖啡产品出口，还制定了咖啡产品的农业行业标准，并减免了农产品特产税。我国光热资源丰富、土壤肥沃，在咖啡种植方面，具有良好的环境资源优势，同时引进了大量来自世界各国的优良种质资源。其中，云南优越的地理位置和气候环境使其在我国咖啡产业中的地位尤为重要。咖啡作为西方日常消费的主要商品，因其独特的口感和文化越来越被我国国人所接受。

一、我国咖啡的历史与考证

（一）咖啡一词的历史与考证

1877 年，福建巡抚丁日昌颁定的《抚番开山善后章程》是目前已知我国最早的咖啡相关文献，其原版珍藏在台北市中正区的台湾博物馆的

人类组，这卷章程中首见我国惯用的“咖啡”二字，也是最早出现“咖啡”的官方文献。1871 年 11 月，琉球王国的日本船只遭遇暴风雨后漂流到我国台湾屏东的牡丹乡海岸，数名日本人登陆，其中 54 人遭原住民杀害。日本派人与清廷交涉，清廷以杀人的是原住民而非汉人为由，未予以积极响应。1874 年，日本派兵攻台，并在今屏东县车城乡登陆，清廷不敢应战，最后外交解决，赔偿日本白银 50 万两，日军撤出台湾，此次事件即为牡丹社事件。这起风波促使清廷重视台湾边防与原住民的管理，试图通过教育与农耕，加速原住民汉化。1877 年，福建巡抚丁日昌拟定《抚番开山善后章程》，其中一条列举了辅导原住民栽种“茶叶、棉花、桐树、檀木以及麻、豆、咖啡之属……”取代游猎。有趣的是，“咖啡”二字在清末时仍不是惯用的汉字或用语，1716 年的《康熙字典》里查不到“咖”字，但“啡”字却查得到。“咖啡”应该是在 19 世纪中叶以后，由外国人随着西餐带入我国的提神饮料，当时对其并无统一的译法，“高馡”“磕肥”“加非茶”“考非”“黑酒”等都有。

在晚清诗词中也有关于咖啡的记载，譬如 1887 年印行的《申江百咏》中有这么一段竹枝词，写道：“几家番馆掩朱扉，煨鸽牛排不厌肥。一客一盆凭大嚼，饱来随意饮高馡。”这首竹枝词显示出，当时的上海已经开始流行吃西餐，这里的“番馆”指的是西餐馆，而“高馡”就是咖啡。据上海市历史博物馆学术委员会副主任薛理勇考证，这是中国最早出现近似“咖啡”语音的文献。此外，晚清诗人毛元征的《新艳诗》中也提到了喝“加非茶”的情境：“饮欢加非茶，忘却调牛乳。牛乳如欢甜，加非似侬苦。”这首诗已经表明当时的文坛已流行喝“加非茶”时添牛奶调味，但他忘了加牛奶，使得“加非茶”喝起来又浓又苦。又如当时流行于上海滩的竹枝词《考非》：“考非何物共呼名，市上相传豆制成。色类沙糖甜带苦，西人每食代茶烹。”意思就是：大家所说的“考非”是什么东西？市面上的说法是它是用豆烘制而成的，颜色就像黑砂糖，甜中略带苦味，西方人在饭后用它来代替茶，烹煮后饮用。

1915年中华书局出版的《中华大字典》将外来语“Coffee”的译法统为“咖啡”，而“高馡”“黑酒”“考非”“加非茶”等奇怪的名字，已然成为趣史。

（二）我国最早的咖啡产地

咖啡树引进我国的时间也是晚清时期，但我国最早栽种咖啡的地方不是云南朱苦拉，而是台湾台北近郊的三峡山区。日本殖民时期的台湾总督府技师田代安定经考证后，在1916年编写的《恒春热带植物殖育场事业报告》（第一辑第200页）中写道：“1884年德记洋行的英国人布鲁斯（R. H. Bruce）从马尼拉引进100株咖啡苗，由杨绍明种植于台北三角通（今新北市三峡）。”咖啡树至今是否还存在，已经无法查证。任教于美国哈佛大学的乔・温生托夫斯基博士（Dr. Joe Wicentowski）所著的《台湾咖啡史：从出口导向的生产端到消费导向的进口端》（*History of Taiwan Coffee*：*from Export-Oriened Productionto Consumption-Oriented Import*）中也采用了我国台湾咖啡栽植肇始于1884年的说法。因此，台湾咖啡种植早于云南朱苦拉咖啡（始于1904年）的说法是有根据的。

二、我国咖啡的发展

我国第一家咖啡馆出现于何时何地，已无从考证，咖啡饮品初期附属于西餐厅是必然的，但独立开业的咖啡馆可能早在19世纪的晚清时期就已经出现了，1918年的《上海指南》就可为证，其中写道：“上海有西餐厅35家，咖啡馆只有一家。”1920年以后，独立开业的咖啡馆才开始涌现在上海的大街小巷上。20世纪20年代至40年代短短30来年，是我国咖啡文化初吐芬芳的时期，接受了欧美思潮洗礼的中产阶级归国学者、洋人、文艺工作者和“愤青”流连于上海北四川路、霞飞路和南京路上的咖啡馆，他们在千香万味与咖啡因的助兴下，交际议事、批评时局或著书立论。1928 年在北四川路开业的“上海咖啡馆”，掀起过不小的风潮。林徽因的《花厅夫人》、田汉的《咖啡店的一夜》、曹聚仁的《文艺复兴馆》，温梓川的《咖啡店的侍女》以及董乐山的《旧上海的西餐馆和咖啡馆》均是研究老上海咖啡文化的珍贵史料。然而，当年霞飞路、南京路与北四川路上，作家、雅士、洋人和“愤青”聚集的咖啡馆，现今已不复存在，但昔日的踪迹却刻在老上海人的记忆中。“公啡咖啡馆”1959 年因拓路工程被移除，但其遗址还保留在今日的多伦路 8 号。

1935 年，上海咖啡鼻祖张宝存在老上海静安寺路（今南京西路）创办“德胜咖啡行”，这是最早的咖啡烘焙厂，该厂从国外进口咖啡生豆进行焙炒，成品有罐装和散装的，并以“CPC”注册商标，销售对象为上海的西餐厅、饭店和咖啡馆，同时还在南京西路设有门市店“CPC Coffeehouse”。

抗日战争前，上海租界内如雨后春笋般出现的咖啡馆对我国的文坛和政坛均有着不小的影响力。抗战爆发后，在我国萌发不久的咖啡文化并未因此停滞不前。为了躲避德国屠杀而逃至上海的犹太人在上海开设咖啡馆以求谋生，从而带旺了上海的咖啡时尚。1945 年抗战胜利后，百废待举，但久遭压抑的人们却出现了享乐与补偿心态，因此纵情消费，战争期间歇业的餐馆与咖啡馆争相复业，生意十分兴隆。也正是在此时，昆明也飘起了咖啡香。20 世纪 30 年代，越南人阮明宣在昆明金碧路开设“新越咖啡馆”，即知名老字号“南来盛”的前身。然而，新中国成立之初，政治与社会风气改变，咖啡和咖啡馆暂时消失，咖啡文化遁入了长达 30 年的空白期。直至改革开放后，咖啡才又卷土重来。

新中国建立之初，上海老牌的“德胜咖啡行”于 1959 年收归国营，更名为“上海咖啡厂”，铁罐装的上海牌咖啡成为 1960—1980 年我国唯一的咖啡品牌，举凡餐馆、高级宾馆，或南京路上的知名咖啡馆，所用的咖啡粉均来自上海咖啡厂。当时的调理方法很简单：咖啡粉以纱布包裹，入锅煮沸，讲究点儿的，再以滤纸过滤一遍。但其价格不菲，每罐 3 块 5 毛钱，这使咖啡在当时平均工资只有几十元的上海上班族眼里，成了高贵的奢侈品，此时我国的咖啡文化已不复抗战前后那般炫丽。1949 年 10 月 1 日以后至 20 世纪 80 年代改革开放以前，我国的咖啡文化与消费量停滞不前，提神醒脑的饮料又再次以老祖宗的茶饮为主。

20 世纪 80 年代改革开放后我国咖啡发展出现转机，1988 年，雀巢公司决定支持云南咖啡产业发展，1992 年，雀巢咖啡农业服务部在中国成立，并在东莞投资设立速溶咖啡厂，部分原料采用云南咖啡豆。在雀巢强有力的促销下，我国的速溶咖啡市场迅速崛起，老牌的上海咖啡厂因其产品冲泡后有咖啡渣，饮用不甚方便，逐渐风光不再。速溶咖啡和三合一调味咖啡成为改革开放至 2000 年以前，我国咖啡文化的主流。进入 21 世纪后，一些国内外连锁品牌咖啡馆在我国迅速扩张，各星级酒店也纷纷将咖啡作为重要饮品进行推广，这有效地促进了我国咖啡行业的发展，但是作为传统饮茶大国，我国的咖啡品质仍然良莠不齐，也没有形成本土咖啡文化，这些都有待进一步发展。

1999 年，美国星巴克在北京的中国国际贸易中心开设了第一家门店，此后便如星火燎原一般。迄今为止，星巴克已在我国开店 4 200 多家。2015 年 12 月，星巴克总裁霍华德·舒尔茨到访中国后表示，星巴克看好中国精品咖啡市场的动能，未来 5 年内，每年要在中国开设 500 家门店，遍及 100 个城市。另外，意大利意利咖啡（illy caffè）、拉瓦萨咖啡（Lavazza），奥地利小红帽咖啡（Jalius Meinl）、英国 Costa Coffee，日本真锅以及韩国众多连锁咖啡品牌相继开始在我国推广现煮鲜咖啡，使得在我国“吃香”二十余载的速溶咖啡的市场占有率开始下滑。2015 年 2 月，速溶咖啡龙头品牌雀巢咖啡，在东莞将市值近千万元人民币的 400 吨未过期速溶咖啡销毁，这是 1992 年雀巢在我国设厂以来最大规模的销毁行动，引起了市场侧目。现磨咖啡的盛行以及消费者收入的不断提高，有望推动我国高端咖啡市场的成长。

据国际咖啡组织（International Coffee Organization，ICO）1990 年以来的统计，亚洲国家咖啡消费量增长最快，2000 年以后，亚洲地区每年的咖啡消费量以 4.9% 的增幅不断增长，远高于世界平均增幅 2%。而亚洲国家中成长最快的就是中国，近 10 年来，我国每年咖啡消费量平均增长 16%，在世界范围内名列前茅，加上我国人口基数以及国民所得增长的相乘效果，我国咖啡市场的庞大潜能已引起咖啡出产国以及国际咖啡企业的高度瞩目。

三、我国咖啡的产区

我国于 20 世纪 50 年代中后期开始咖啡生产性种植，主要种植区分布在海南、云南等地区。

（一）云南咖啡的发展

在我国咖啡产业中，云南咖啡占据着举足轻重的地位。据云南省农业厅公布的数据，云南咖啡不管在种植面积还是在产量上，都占据了全国 99% 的份额，咖啡已然成为云南的又一高原特色商品。

1. 咖啡在云南的诞生

在云南省大理州宾川县平川镇的朱苦拉村，能够寻找到我国最古老的咖啡林，也是迄今为止，我国保存下来的生长较为完好的古咖啡林。该村目前保存有 13 亩咖啡林，1 134 株咖啡树，其中上百年的咖啡树有 24 株。

1904 年，一位叫田德能的法国传教士从越南来到了朱苦拉村，由于喜欢喝咖啡，田德能设法从越南带来了一棵咖啡树苗并在朱苦拉栽种成功，这被认为是咖啡传入云南的最早记录。之后，他又培育了许多咖啡苗，栽种在教堂周围。田德能种植的这棵咖啡树在 1997 年死去，存活了近百年。从这棵咖啡树上掉下来的种子仍生长在教堂外和村子的附近，到现在由这株老咖啡树繁衍的咖啡子孙已经覆盖了朱苦拉村。其中，100 年以上的咖啡树还有 24 株，22 株分散在当地 13 亩的咖啡林里，另外两株生长在朱苦拉完小校园里。

从那时开始，朱苦拉村便开始了咖啡种植。田德能教会当地的村民种咖啡、喝咖啡、出售咖啡，此后，当地的村民便开始有了自种、自磨、自饮咖啡的习惯，并延续到了今天。当年那棵翻越千山万水来到云南的咖啡树，在经历了一个多世纪的变迁后，它所繁衍出来的咖啡林成了当今我国最古老的咖啡林。朱苦拉咖啡属于阿拉比卡豆（Arabica）云南小粒波旁（Bourbon）和铁毕卡（Typica）品种。

现在，朱苦拉村除了拥有 13 亩咖啡林外，各家村民的小院里基本上也都栽种了咖啡树。咖啡林里的 1 134 棵咖啡树，以当地村民人口计算，每人 3 棵，每户最少的有 7 棵，最多的有 48 棵。这片古咖啡林出产最正宗的云南小粒咖啡，品质非凡，但由于交通不便，这些咖啡并没有给当地农民带来经济效益。古老的咖啡林缺乏管理、缺乏技术，虽然咖啡树依然挂果，但产量很低，很多咖啡树都因饱经风霜而枯萎，有的正遭受病虫害的侵蚀，如果不加以保护，我国最古老的咖啡林将面临消失的境地。

2．云南种植咖啡的有利条件

2016 年 10 月，在第 26 届世界咖啡科学大会上，业界专家解开了云南咖啡特色的秘密。咖啡的味道与种植的海拔及其他自然条件是密切相关的，云南省的西部和南部地处北纬 15 度线至北回归线之间，大部分地区海拔在 1 000 ~ 2 000 米，地形以山地、坡地为主，且起伏较大、土壤肥沃、日照充足、雨量丰富、昼夜温差大，这些独特的自然条件形成了云南小粒种咖啡口味的特殊性——浓而不苦、香而不烈、略带果酸味。早在 20 世纪 80 年代，一位美国咖啡焙炒大师就曾感叹道：“世界上最好的咖啡产地在中国的云南，这是上帝送给中国人的一份厚礼，是创汇的

宝贝。”也许是红土地的魅力让云南咖啡具有了近乎蓝山咖啡的气质，才让这位大师发出如此感叹。

3．咖啡在云南的起步

一百多年前，中法战争后，清政府与法国签订了一系列不平等条约，之后又被迫开放云南蒙自为通商口岸，此后各国商人纷至沓来，这也是咖啡走进云南的最初一步。1905 年，随着滇越铁路的修建和大量包括法国人在内的西方人士的到来，蒙自县开设了云南的第一个咖啡吧——滇越铁路酒吧间。虽叫酒吧间，但它其实是咖啡馆和小酒馆的混合产物，也是当时欧洲咖啡馆的主流模式。紧接着，希腊人哥胪士在云南的蒙自、昆明、碧色寨以及越南海防都开设了哥胪士酒吧，该店在云南当地小有名气，推动了咖啡在云南的发展。至今，在蒙自的南湖边，哥胪士酒店及洋行的旧址仍然保存完好。

另外，不得不说的还有有着“小巴黎”称号的碧色寨。碧色寨是滇越铁路上的一个小站，位于云南省蒙自市草坝镇。如今，它是滇越铁路上保存最为完整，也是最有法国味道的一个小站。1909 年，在滇越铁路全线开通前，最先开通的是从越南海防到碧色寨的路段，由此碧色寨就变成了人称“小巴黎”的淘金地，伴随着火车汽笛声的是中外商人云集到此的喧嚣声。13 个国家的商人先后在这里开办了储运公司、洋行、酒店和咖啡馆，我国内陆的商人更是蜂拥而至，大量的货物在这里装卸。站台附近不仅有美国美孚水火油公司、英美烟草公司的仓库，广东人的货栈，福建人的转运站，还有教堂、学校、洋行、邮局、税局、旅馆、咖啡馆、酒吧等设施，正所谓麻雀虽小，五脏俱全。当年，外来文化在这里的交融改变着当地人的生活，最为典型的就是当地人大都养成了不喝茶而喝咖啡的习惯且延续至今。如今，虽然小站那黄墙红砖早已经斑驳破旧，不见往昔的风姿，但是它当年的辉煌热闹以及屋内弥漫的咖啡香似乎还在屋顶上方盘旋，久久不能散去。

二战期间，为帮助中国人民抗日，陈纳德将军受国民政府的委托，招募了一批美国飞行员，他们让来犯的10架日军轰炸机中的9架在昆明上空“开了花”，这批飞行员就是当时闻名全球的“飞虎队”。伴随着飞虎队的到来，昆明的大街小巷也相继开了不少的咖啡馆，掀起了云南咖啡的热潮，许多昆明人自此爱上了咖啡并将喝咖啡变为自己一生的嗜好。

4．咖啡在云南的发展

1904年，法国传教士田德能在大理宾川县种下了云南的第一棵咖啡树，由此开启了云南咖啡种植之旅的第一站。1952年，为满足东欧国家和苏联的需求，云南开始在保山市潞江坝发展咖啡种植业，潞江坝也因此成为我国小粒种咖啡的科研中心和发祥地，并对我国的咖啡生产起到了积极的作用。自此，咖啡仿佛在云南扎下了根。这一时期，云南咖啡在国家计划经济的指导下进入了第一个快速发展期，实现了种植的规模化。但好景不长，在中苏关系恶化后，云南咖啡发展进入低迷期，大片的咖啡林被砍伐，改为种植橡胶树，导致咖啡的种植面积缩减了96%。1983年，云南经历了前所未有的大面积降雪，大片咖啡树被冻死，这对云南的咖啡产业无疑是雪上加霜，一切都回到了原点。

直到1988年，雀巢公司为了降低南美洲咖啡种植基地对咖啡价格的影响，将目光从世界咖啡种植第一大国巴西转移到了与咖啡之乡古巴同一纬度的云南普洱。雀巢进入普洱后，云南咖啡进入了一段长达20年的稳步发展期。跨国集团的刺激终于使云南的咖啡种植业复苏，再加上当时我国城市的中产阶层逐渐兴起，咖啡成为城市白领的一种新的生活方式，从而吸引了跨国集团包括麦斯威尔、星巴克等来到了云南。许多中国人认知咖啡是从速溶咖啡开始的，准确地说是从雀巢速溶咖啡开始的。

2008年以后，随着外来文化的冲击和生活方式的转变，咖啡开始慢慢地走进大众的视野中，我国咖啡种植产业再次扬帆起航。云南咖啡不仅涉及农业出口，还兼顾了工业、品牌等方面，逐渐打造出一条完美的

产业链。在此期间，越来越多的云南本土咖啡品牌逐渐诞生。2008 年，德宏后谷咖啡建成了我国第一条速溶咖啡生产线，开始打造自主品牌“后谷咖啡”，这也是云南第一家本土咖啡品牌，从此结束了云南近 30 年来仅出售咖啡原料的经营方式。随着消费者对咖啡追求的不断提高，为追求精品咖啡的人而生的爱伲咖啡在云南普洱诞生，爱伲只生产精品咖啡烘焙豆，不生产速溶咖啡。爱伲咖啡庄园是我国第一座雨林生态庄园，在这里，消费者可以看到咖啡的全部制作过程，还可以亲手制作咖啡，它为人们提供了一种全新的生活方式。此外，云南的自主咖啡品牌还有普洱的漫崖咖啡、保山的中咖咖啡、西双版纳的共语咖啡等，这些都只是云南咖啡的缩影而已。

尽管如此，云南咖啡依然还只是以区域品牌的姿态出现在咖啡市场中，并没有真正进入国际精品咖啡品牌的行列。目前，云南全省咖啡种植已形成普洱、保山、临沧、西双版纳、大理、文山、怒江、德宏八大主要咖啡产区，咖啡种植面积近 200 万亩，每年的咖啡产量超过 15 万吨，种植面积和产量均占到我国总量的 98% 以上，全球份额超过了 2 %。通过不断地提升种植、采摘技术，优化供应路径与原豆品质，云南的咖啡原豆正受到越来越多人的认可与接纳，有效地改变了南美洲咖啡种植基地的垄断局面。云南省农业厅公布的数据显示，2017 年，云南咖啡产量达 13.6 万吨。而截至 2016 年年初，全国咖啡种植面积超过 1200 平方千米，总产量 14 万吨，占全球总产量的 1.5%；其中云南咖啡种植面积为 1180 平方千米，总产量 13.9 万吨，云南咖啡无论是种植面积还是产量都占到全国的 98% 以上，咖啡已成为云南第三大出口创汇的高原特色商品。

5．云南咖啡的主要产区

云南目前共有 42 个县市在种植咖啡，它们分布于 11 个州市，共有 30 多万咖农在种植咖啡。云南主要的八大产区分别为普洱、临沧、保山、德宏、西双版纳、大理、怒江和文山。除此之外，楚雄、红河、玉溪、丽江等地区也有少量种植。

1）普洱咖啡的发展情况

普洱是一片美丽富饶的土地，这里生态环境优越、资源富庶、物产丰富，普洱市地处北纬 22 度 02 分至 24 度 50 分、东经 99 度 09 分至 102 度 19 分，北回归线穿境而过，地理特点为低纬度、中海拔，是一个以南亚热带山地湿润季风气候为主的高原气候区，森林覆盖率达 67%，市土面积为 4.5 万平方千米，热区面积占 51.6%，是世界咖啡种植的黄金地带。普洱咖啡的优秀品质和独特风味，受到了中外咖啡业界人士的一致好评。1988 年，雀巢选择普洱为咖啡的原料基地，这促进了普洱咖啡产业的快速发展。目前，普洱的咖啡种植面积为 78.9 万亩，咖啡豆年产量为 5.86 万吨，总产值为 24.69 亿元。普洱当地 80% 以上的咖啡豆出口到美国、德国、法国、日本、韩国、沙特等 30 多个国家和地区，这使咖啡产业成为当地农民致富、企业增效、财政增收、出口创汇以及建设国家绿色经济试验示范区的优势特色骨干产业，也使普洱成为我国产量最高、品质最优的阿拉比卡咖啡种植核心区和咖啡贸易中心。2012 年，普洱市被中国果品流通协会授以“中国咖啡之都”的称号；2014 年，云南咖啡交易中心在普洱正式成立；2016 年，雀巢咖啡中心在普洱落成，这些都将助推普洱成为世界优质咖啡豆原料基地、全国最大的精品咖啡加工基地和咖啡物流中心、贸易中心、国家出口农产品（咖啡）质量安全示范区。2017 年，云南咖啡总产量达到了 13.6 万吨，而普洱咖啡产量占到了全省的二分之一。如今，普洱咖啡已然成为云南高原特色农业与国际接轨的典范，它将以崭新的姿态走出国门、走向世界。

2）保山咖啡的发展情况

1952 年，为满足东欧国家和苏联对咖啡市场的需求，云南农业试验场芒市分场的科技人员在保山潞江坝引入咖啡并试种成功，使潞江坝成为全国第一个小粒种咖啡生产基地及科研中心。保山潞江坝独具特色的

干热河谷气候，非常适宜阿拉比卡小粒咖啡的生长。潞江坝位于高黎贡山东麓、怒江两岸，地处东经 98 度 44 分至 99 度 05 分、北纬 24 度 46 分至 25 度 33 分，海拔 640 ~ 3 510 米，小粒咖啡种植区域大部分在海拔 800 ~ 1 200 米地区，少部分在海拔 1 400 米左右的地区。咖啡种植基地属亚热带季风气候类型，年均温为 21.3℃，光照充足，年降雨量为 721.51 ~ 1 000 毫米，全年基本无霜，是世界著名的优质小粒咖啡最佳生产地区之一。保山咖啡颗粒均匀饱满、气味清新、香气浓郁、口感醇厚、浓而不烈、略带果酸，其高海拔地区出产的咖啡可与世界最好的牙买加蓝山咖啡相媲美，而这一品质也得到了国内外专业人士的普遍首肯。早在 20 世纪 50 年代末，保山咖啡就在英国伦敦市场上被评为一等品，获有“潞江坝一号”的美称；1980 年的全国咖啡会议上，人们公认其为“全国咖啡之冠”；1993 年，在比利时布鲁塞尔举行的尤里卡博览会上，潞江坝小粒咖啡荣获“尤里卡金奖”。现在，保山咖啡不论是种植面积还是产量，均位于云南省前列。

3）德宏咖啡的发展情况

德宏既是云南省的咖啡主产区之一，也是云南省最早种植咖啡的区域之一。据史料记载，德宏州弄贤村早在 1914 年就引进了小粒咖啡，咖啡种植历史已达百年。1960 年，全州咖啡种植面积已达 1.5 万亩，年产量 40 多吨。当时，德宏的小粒咖啡会被运到上海加工成咖啡粉，用铁皮罐头包装后，出口到伦敦。1963 年的国际博览会上，德宏的小粒咖啡被评为“香气浓郁、微酸可口”的优质产品，获得了可与蓝山咖啡相媲美的声誉。云南最大的咖啡企业德宏后谷咖啡有限公司已将当地咖啡种植业垄断，大部分的咖农均在为后谷打工。1998 年以来，云南省委、省政府将德宏列为全省重要的咖啡主产区之一并加以重点扶持。到 2016 年年底，德宏州的咖啡种植面积已达 27 万亩，咖啡豆年产量达 2.8 万吨，其中 22.3 万亩归属后谷咖啡，占全州总种植面积的 80% 以上。目前，德宏的咖啡产品远销美国、日本、韩国等共计20多个国家和地区，咖啡成为德宏对外贸易的大宗出口商品之一，德宏也成为我国咖啡种植最为集中、面积较大、产量较高的主产区，在全国及全省咖啡产业中均具有举足轻重的地位。此外，德宏州还拥有我国最大的咖啡种子基因库——农业部瑞丽咖啡种质资源圃，它是农业部第一批设立的九个热带作物种质资源圃之一。

（二）海南咖啡的发展

1. 咖啡在海南的诞生

海南是我国著名的旅游胜地，更是我国咖啡文化最浓厚的地区。1898年，海南文昌南阳镇石人坡村民邝世连从马来西亚带回咖啡种子到海南岛文昌老家种植并种活了12株，这便拉开了海南种植咖啡的序幕。最早被引进的咖啡树是罗布斯塔（Robusta）品种，种植于澄迈县福山镇和万宁县兴隆华侨农场一带，这种咖啡在海南的风土条件“驯化”下，品质发生了微妙的变化，如炒磨、冲泡得法，其气味则香醇可口，且带一点儿果味。海南并非咖啡的发源地，却拥有种植咖啡的资源优势与加工优势。曾有业界权威人士对海南咖啡做出过这样的评价——“世界上最好的咖啡产自北纬15度至北回归线之间。最佳的咖啡产地不是哥伦比亚、土耳其、印度尼西亚，而是中国的海南北部和云南南部。那里的咖啡浓而不苦、香而不烈，且带一点果味。”

2. 海南种植咖啡的有利条件

海南是我国咖啡的主要产区之一，其处于被人们称为“咖啡种植带”的黄金纬度上，加上当地很多地方都覆盖着排水性能良好、富含火山灰质的肥沃土壤，使得咖啡种植具有得天独厚的环境优势。地理环境与气候环境等与著名的蓝山咖啡的产地牙买加相似，这便是海南地区盛产优质咖啡的决定性因素。

首先，海南具有独特的地理环境。它位于赤道北部环海地区，地处

北纬 19 度 23 分、东经 109 度 00 分，海拔 21 ~ 300 米，且原始森林等生态环境保护得较好，森林覆盖率达 60%，空气新鲜、无污染，这些都是种植咖啡的优质自然条件，在这样的自然环境下生长的海南咖啡，其质量自然比其他地区的更加优良。

其次，海南地区属于热带岛屿性季风气候，气候温暖且季节差异不明显，年平均气温 23.1 ~ 24.4℃，最低温度为 8℃；终年无霜，雨量充沛，年平均降雨量为 2 000 ~ 2 500 毫米；空气湿润，平均相对湿度为 89%；光照充足，年平均光照时间 1 900 小时；环境空气质量优良。以上条件都使得海南成为种植咖啡的理想基地。

最后，海南地区属于火山丘陵地貌，具有优良的土壤与水源。美素河起源于海南中部丘陵山地，河水清澈，流经海南广大地区。海南最大的水库——松涛水库，其干渠贯穿海南全境，水质优良、无污染。当地的土壤类型为火山质砖红壤，土层深厚，有机质丰富，土壤肥沃（含钾），有机物含量达 1.8% ~ 3.5%，肥力中上，很适合咖啡的生长，所以海南地区出产的咖啡的品质与世界著名的蓝山咖啡一样好。一般来说，咖啡因含量在 2% 以下的咖啡属于健康型咖啡，而海南咖啡的咖啡因含量仅为 1.12%，属于温和型咖啡。除此之外，海南咖啡还含有对人体有益的亚油酸和绿原酸。

3．海南咖啡独特的加工方式

因为受到东南亚地区喝咖啡的风气影响，海南当地的许多农民开始自己种植并加工咖啡。他们将晒干的咖啡豆放置在大铁锅里用慢火焙炒，在翻炒过程中加入适量的奶油和白糖（加糖并不是为了增加咖啡的甜度，而是为了让溶化了的糖在咖啡豆外形成包裹层，把咖啡豆的香气包裹起来。经过这样的处理，起锅后的咖啡就从棕褐色变成了黑色，研磨冲煮后的味道也更醇厚绵长），一直焙炒至飘出纯正的咖啡香味、咖啡和配料均匀地黏在一片而不结块为止，再将炒好的咖啡豆研磨成粉，分装于密闭防潮的容器中保存或作为礼品赠送给亲朋好友。当地人煮咖啡的器具与方法同样古老而传统，只需一把铜壶、一只过滤咖啡渣的布袋。将布袋置于壶中，把咖啡粉放入烫热了的布袋中，以滚水冲泡，再把铜壶放在火上熬煮片刻，咖啡特有的香味便会随着袅袅上升的热气弥漫开来。

4．海南咖啡的主要产区

在海南，有两个以咖啡闻名的地方：一个是澄迈福山，另一个是万宁兴隆。作为我国较早种植咖啡的地区之一，海南咖啡受益于周总理的赞誉和海南发达的旅游业，较早打造出了自己的名气和品牌。此外，海南主要的咖啡种植者均为华侨，他们喝咖啡、懂咖啡，知道如何才能种出好的咖啡，这也推动了海南咖啡的快速发展。

1）福山咖啡

澄迈县福山镇是海南最早种植咖啡的地方。福山咖啡由归国华侨引入至今，已推广到海南岛的各个地方。福山的土壤十分适宜咖啡的生长，当地农民大都有种植咖啡的习惯。由当地农民以传统手工方法炒制的咖啡，香味浓郁、色泽纯正，为咖啡之上品，长期以来享誉海内外。

据海南史料记载，1933 年，爱国华侨陈显彰先生在实业救国思想的感召下，怀着“振兴实业，实业救国”的抱负，从印度尼西亚回到海南考察。经考察，他认定福山地区“平芜绵邈，泉甘土肥，四季常绿，交通方便”，是发展热带种植业极为理想的天然场所。1935 年，陈显彰在澄迈县福山镇成立了“福民农场”，开始大面积种植咖啡，进行商业性、规模化、产业化的生产并出口海外市场。如今，在福山咖啡风情小镇的福山咖啡文化馆的大厅里，仍摆放着爱国华侨陈显彰的雕像。后来，由于受到多种因素的影响，福山咖啡园全面被毁，而受到计划经济体制的影响，我国的咖啡业发展也进入一个低迷的阶段。1976 年后，不到 40 岁的福山农民徐秀义决定重振咖啡产业，他带领全家人，投入多年的积蓄，重新开辟了咖啡园，随后又成立了集体企业，扩大了种植基地，并与县组织联合

在福山镇创办了福山咖啡种植园及加工厂，开垦荒地以大力发展咖啡种植业。徐秀义点燃了福山人对咖啡的憧憬，澄迈县咖啡业由此蓬勃发展起来。1989 年，澄迈以上万亩的种植规模，成为全国最大的咖啡生产基地。

澄迈县福山咖啡联合公司创立于 20 世纪 80 年代，该公司专注于在海南福山地区富含硒元素的红土地上大面积种植咖啡树，拥有上千亩标准化、绿色环保的咖啡种植基地，并精心加工制作，经数十年之沉淀，培育、打造出了海南知名时尚消费品牌——福山咖啡。福山咖啡由此在海南咖啡产业发展中脱颖而出，走进人民大会堂、走向世界。2010—2014 年，福山咖啡成为中国桥牌协会全国比赛唯一指定咖啡饮品；2006 年福山咖啡向国家质检总局申请福山咖啡原产地地理标志保护，并于 2010 年获得了原产地地域保护证书；2013 年以来，福山咖啡更是连续 11 年被评为“海南省著名商标”。

2）兴隆咖啡

在东南亚流传着这样一句俗语——“潮州粉条福建面，海南咖啡人人传”。据说在东南亚，大部分的咖啡店都是由海南人经营的。在 20 世纪 50 年代，东南亚的归侨们不但把喝咖啡的传统和制作、冲泡咖啡的手艺带到了海南兴隆，还生产出了后来声名远扬的兴隆咖啡。

1951 年，为安置归国华侨，当地政府在万宁东海岸太阳河畔创办了兴隆华侨农场，组织归国华侨开垦荒地、发展经济。由于归国华侨中的许多人在国外时有种植和饮用咖啡的习惯，他们便将这种传统和习惯带到了兴隆并逐步影响了当地民众，从一家一户、房前屋后的种植发展到了后来的集体经营。1952 年，新中国第一家咖啡专营厂商——兴隆咖啡厂于海南省万宁县兴隆镇的华侨农场成立，之后，农场开始大规模地种植兴隆咖啡。1954 年，农场从马来西亚引种中粒种咖啡，开始加工咖啡粉，虽然产量不高，但兴隆咖啡已经名声在外。1960 年 2 月 7 日，周恩来在海南国营兴隆华侨农场视察咖啡园。周总理喝了兴隆咖啡后评价说：

“兴隆咖啡是世界一流的，我喝过许多外国咖啡，还是我们自己种的咖啡好喝。”就这样，总理一连喝了三杯，当打算喝第四杯的时候，被夫人邓颖超劝阻。在此之后，有关部门还特意派上海咖啡生产厂的一位科长到兴隆去学习炒制咖啡的技术。一杯香味浓郁的咖啡、一位和蔼可亲的总理，使兴隆咖啡传出了美名。之后，不少国家领导人先后考察兴隆，渐渐地，兴隆咖啡成了招待客人必不可少的佳品。此外，许多国外专家对兴隆咖啡也赞赏有加。1959 年年初，一位德国的专家到兴隆访问，他在品尝了兴隆咖啡后说：“你们的咖啡味道比我们以前喝过的都要好，希望你们能大量种植。但愿在不久的将来，在德国能买到‘兴隆牌’的咖啡。”

海南兴隆咖啡用优质海南兴隆咖啡豆经传统工艺精心焙烤而成，具有咖啡的原香原味，喝起来香醇可口，可冲泡饮用，煮沸后更为香浓，但需过滤饮用。炭烧咖啡选用优质的海南兴隆咖啡豆，经特殊炭烧焙烤而成，其香味更加浓郁醇厚、回味悠长，冲泡后需过滤饮用。椰奶咖啡选用海南兴隆咖啡豆和文昌椰子为原料，经科学工艺精制而成，椰奶咖啡味道浓郁、香醇可口，一冲即饮。近年来，由于海南各地不够重视咖啡产业的发展，导致海南咖啡产业步履维艰。2010 年，海南国际旅游岛建设上升为国家战略，这给海南咖啡产业带来了新的发展机遇，海南咖啡也开始酝酿其“复兴之路”。

（三）台湾的咖啡发展

1884 年，咖啡在台湾首次种植成功，揭开了我国咖啡种植业的序幕。之后，台湾又先后从斯里兰卡、美国旧金山等地引种咖啡，并在台北、恒春、台中、台东、花莲、嘉义等地进行种植。台湾咖啡主要以小粒咖啡为主，但与云南的铁毕卡亚种不同的是，台湾咖啡以波旁亚种为主。

得天独厚的自然环境是台湾种植咖啡的有利条件。从地理位置上看，世界上咖啡种植的黄金地段位于南纬 24 度至北纬 25 度，属于热带及亚热带地区，而台湾的地理位置刚好界于北纬 21.9 度至 25.2 度；咖啡种植的适宜高度在海拔 760 米，而台湾海拔为 240 ～ 350 米；咖啡种植的适宜温度在 15 ～ 24℃，而台湾的年平均气温正好是 15 ～ 24℃；咖啡种植的适宜降雨量在 2 000 ～ 2 300 毫米，年降雨量为 800 ～ 1 300 毫米，而台湾的年平均降雨量为 1 500 ～ 2 400 毫米。这些优越的咖啡种植条件共同孕育了台湾咖啡独特的风味，使得咖啡在台湾社会文化中扮演着重要角色。

台湾得天独厚的自然环境非常适合咖啡生长，咖啡自 1884 年传入台湾后，先后被种植于台北、恒春、台中、台东、花莲、嘉义等地，由配合殖民政策而产生的热带栽培作物转为战后得到政府补助经营的潜力作物，直至今天发展成与地方文化结合的地方文化产业，咖啡产业的角色随着台湾农业经济与社会发展而不断转变着。有关资料显示，2013 年，台湾主要有 9 个县市种植咖啡，种植面积达 8.32 平方千米，年产量不足 824 吨。其中，屏东县和南投县的种植面积最大。台湾的咖啡种植历史较长，虽然种植面积难以与大陆相比，但经过 100 多年的发展，台湾咖啡不但形成了完整的产业链，而且形成了独特的咖啡文化。2012 年，台北市被《今日美国》旅游版评选为“全球十大最佳品尝咖啡的城市”之一，而且是整个亚洲国家中唯一入选的城市，这更凸显了台湾咖啡的独特性和美味程度。台湾的咖啡文化由于历史原因深受日本的影响，现在，现磨咖啡在台湾已经非常普遍，精品咖啡、手冲咖啡已经逐渐成为时尚的主流。

如今，随着我国国际步伐的加快、大众生活消费观念的转变、资本市场的关注以及互联网咖啡的崛起，加之我国海量咖啡消费市场的开启，我国的咖啡产业将得到进一步的快速发展，相信我国的咖啡会为世界各国的人们带去不一样的享受。

四、我国咖啡产业发展的影响因素

咖啡产业属于农业产业，影响农业产业发展的因素是多方面、多层次的。从影响因素条件来说，可分为传统因素和非传统因素。

传统因素主要是指农业生产所面临的地理条件、气候条件、生物条件等自然条件影响因素。传统因素是农业产业发展的基础，是影响农业产业发展的内部因素，它决定或极大地影响着农业产业的类型和产业集聚情况。

非传统因素指的是除自然条件以外的其他对农业生产与发展产生影响的因素，主要有产品需求、产品安全、物质能量转换、政策环境、科技进步、人才、价格、资金、信息、贸易壁垒等社会经济条件因素。非传统因素是影响农业产业发展的外部因素，它决定或极大地影响着农业产业的发展规模、生产成本和经济效益。非传统因素与农业产业的开放度、城乡经济的关联度有显著联系，随着我国农业产业开放度的不断提高和城乡经济关联度的显著增强，非传统因素带来的挑战也在逐渐凸显。

影响我国咖啡产业发展的非传统因素包括以下内容。

第一，产品需求因素。产品需求因素包括国家需求、产业需求和市场需求三个层次，对农业产业集聚的形成具有诱导作用，只有那些需求量大而且稳定的农产品才能形成大规模的专业化产业区域。

第二，产品安全因素。产品安全因素引导和规范着农业产业的发展，企业除了要考虑自身需要和效益外，还必须维护群体利益、维护食品安全和环境安全。

第三，物质能量转换因素。各农业部门和各种农作物之间存在着相互联系、相互促进又相互制约的复杂关系。物质能量的相互转换是维系农业内部各生产部门和各作物的“链”。大力发展咖啡种植业可带动咖啡相关及辅助产业的发展，同时咖啡相关产业的发展又为咖啡种植业的发展提供了保障。咖啡生产依赖于种苗、化肥、燃料、机械等产前投入要素，

有竞争力的上游产业可以为咖啡生产提供及时的、高质量的原材料和各种服务，形成知名品牌。咖啡产业也离不开农产品的运输、储存、保鲜、加工、销售、观光等产后服务因素，有竞争力的下游产业可通过拓展功能、提升效应使咖啡产业获得经济效益，拉动咖啡产业的发展。

第四，政策环境因素。产业政策及其相关决策是农业产业发展的保障。世界各国在其农业生产的不同发展阶段都制定和构建了保护和促进农业发展的政策环境。为了增强咖啡的区域竞争力，政府可安排对某区域优势咖啡的生产经营进行支持和补贴，加强咖啡基础设施建设，加强公共服务等政策的建立，以期形成新的增长极，引导资金、劳动力等生产要素向该区域流动，增强该区域内咖啡生产的专业化程度，提高劳动生产率，使该区域的比较优势变为竞争优势，使咖啡的生产向优势产区集中，促进咖啡产业的发展。为了提高咖啡的国际竞争力，政府可采取进行政府间或政府与国际咖啡组织间的贸易谈判，开展咖啡国际合作、交流活动，培育和支持国际咖啡优势品牌，进行咖啡战略指导，开拓国际市场，进行与国际接轨的法规和标准化体系的建设，信守国际贸易承诺，制定关于提高口岸管理水平和通关能力等有针对性、有预见性的有效措施和制度，保证咖啡产业的良性发展。

第五，科技进步因素。科技进步是农业产业形成和发展的支撑因素，是衡量农业产业发展水平的标志。

第六，人才因素。人才需求量的变化受到经济、政策、社会等诸多因素的影响。近年来，随着农业、农村改革的纵深推进，农业生产结构发生了深刻变化，农业生产对农业行业人才的需求在数量、质量及结构等诸多方面均发生了深刻的变化。咖啡产业对农业人才的需求涉及农业及“种、养、加、产、供、销”等产业链的相关学科或专业（如农业工程、林业工程、食品科学与工程、水利工程、生物学、科学技术史、农林经济管理、公共管理中的土地资源管理等）。随着现代农业和经济社会的全面发展，咖啡产业对农业人才的素质要求越来越高，高层次农业人才所占比重将逐步提高。

第七，价格因素。由于农业生产决策权的高度分散化，农民在市场中处于价格接受者的地位，除承担自然风险外，他们还面临着市场不确定性的风险。农户将咖啡销售给批发商或零售商，在分散经营的条件下，难以分享咖啡产业链运作带来的效益。

第八，资金因素。农业各项资金来源包括预算内资金、银行贷款、利用外资、农民和农村集体自筹资金以及直接融资等。在市场经济条件下，资金对咖啡产业发展起着重要作用。

第九，信息因素。信息包括人才信息、技术信息、市场信息、政策信息及其他相关信息。信息的获取、传输、接收、分析等手段是否先进，利用方法是否科学，直接关系到农业产业发展的效果。

第十，贸易壁垒因素。农产品的生产地域性非常强，政府出于战略安全考虑而采取的各种针对农产品的措施，在一定程度上限制了农业产品在全国范围内的自由流通。随着我国对外贸易的不断扩大，对美国、欧盟等发达国家和地区的贸易顺差也不断扩大，这使得我国面临着更多的贸易壁垒，反倾销、反补贴等压力越来越大。在这种贸易环境下，我国咖啡的出口也面临着更大的困难，甚至会成为贸易战的牺牲品。

未来，拥有浓厚茶文化的中国也将成为一个逐渐崛起的咖啡消费大国。中国咖啡市场的迭代发展，从雀巢系、上岛系、星巴克系、西提岛系，不断演变发展，逐渐多元化。中国二三线城市咖啡消费市场不断增加，其将成为中国咖啡市场及未来 20 年的核心推动市场，家庭咖啡消费将成为新的增长点。随着对咖啡认知文化的普及，中国消费者对于咖啡品质的要求越来越高，更多的人开始放弃传统的速溶咖啡，转而追求品质和味道更好的新鲜冲泡咖啡。中国市场新鲜冲泡咖啡销量在 2017 年也实现了两位数的增长。中国咖啡产品和消费体验的整体升级正在如火如荼地进行当中，高品质咖啡馆在中国遍地开花。

复习思考题

1. 简述牧羊人的故事、阿拉伯酋长的故事和加布里埃尔·马蒂厄·德·克利的故事。

2. 阿拉伯人开始大量饮用咖啡是在什么时候？

3. 欧洲最早的咖啡文献产生于哪一年？

4. 15世纪时，咖啡的传播特色是什么？

5. 荷兰是哪一年成为第一个咖啡栽种和出口国的？

6. 咖啡树苗和种子经摩卡港运到荷兰是在哪一年？

7. 欧洲首家咖啡屋在威尼斯开张和荷兰人最先将咖啡传到中美洲和南美洲是在哪一年？

8. 印度的咖啡源源不断地销往欧洲发生在哪个世纪？

9. 在哪一年，来自里约热内卢的咖啡种子被带到了夏威夷岛，并出现了夏威夷科纳咖啡？

10. 在哪一年，英国人将咖啡带到了非洲，并在肯尼亚建立了咖啡种植园区？

11. 在哪一年，法国人带着咖啡树苗在越南建立了种植园？

12. 在哪一年，咖啡开始登陆澳大利亚的昆士兰地区？

13. 在哪一年，希尔兄弟用真空罐包装烘焙好的咖啡，并且旧金山到处都是烘焙店和研磨机？

14. 简述速溶咖啡的发展。

15. 简述云南种植咖啡的有利条件。

16. 云南目前共有多少个县市在种植咖啡？分布于多少个州市？

17. 简述普洱、保山、德宏、海南、台湾的咖啡发展情况。

18. 在哪一年，云南咖啡交易中心在普洱正式成立？

第二章 认识咖啡

学习目标：

1. 掌握阿拉比卡种的品质特征、水洗加工流程、咖啡的采收方法、咖啡烘焙程度的分类；熟咖啡豆的选购和保存，南美洲、中美洲、非洲、亚洲生产咖啡的国家。

2. 理解咖啡栽培的气候、土质、地形与高度，咖啡机械脱胶和发酵脱胶。

3. 了解罗布斯塔种的品质特征、日晒加工法、蜜处理法、生咖啡豆的选择、咖啡的烘焙流程。

第一节　咖啡的栽种

咖啡品种主要分为三大类：阿拉比卡种（Arabica）、罗布斯塔种（Robusta）和利比里亚种（Liberica），市场上流通得最多的是阿拉比卡种，其次是罗布斯塔种。不论哪种咖啡，皆有其优缺点，生物学特性及用途亦不尽相同。咖啡属于茜草科咖啡属的常绿灌木,以热带地区为中心。约有 500 属 6 000 种茜草科植物分布于热带地区。

一、咖啡的生物特征

咖啡树是热带植物，不耐霜寒，属茜草科常绿乔木，是半阴性、喜阴凉作物，性向阳、好温热，栽种后需 3 ~ 5 年才可开花，野生咖啡树可生长至 4 ~ 7 米，经修剪，高度保持在 2 米左右，开花、结果周期为 12 个月，8 ~ 9 年后需从 30 ~ 40 厘米处回切使其再生，一株咖啡树一般只能回切两次，咖啡树的经济寿命为 30 年，咖啡种植园有家庭式和农庄式两种。

（一）根系

咖啡属浅根作物，用种子繁殖的植株为圆锥根系。从品种上看，小粒种、中粒种的根较浅，大粒种的根较深。根系的形态分布和深度随品种、土壤条件及农业技术措施的不同而异。云南小粒咖啡 3 ～ 4 年生结果树，主根深 70 厘米左右。从主根长出侧根，水平生长的称为水平侧根，向下生长的称为垂直侧根。从侧根抽生的根分别称为二级侧根、三级侧根。咖啡的根系有明显的层状结构，一般每隔 5 厘米为一层，但大部分吸收根分布在 0 ～ 30 厘米的土层内，70 厘米以外的主根往往变得细长而呈吸收根形态向下伸展。主根一般不分叉，但如挖苗时受伤，定植后伤口愈合处会向下长出一至两条根代替断去的主根。

咖啡树根系的水平分布在幼龄期一般超出冠幅 15 ～ 20 厘米，成龄期则在行间交错贯穿，覆盖和荫蔽的咖啡园中，表土层根系特别多，裸露后，表层极易受到灼伤，因此进行深耕时根扎得较深。咖啡根系的再生能力较强，在受害和被切断后恢复得很快，7 ～ 10 天内即可长好愈合组织，萌发许多新的侧根，新侧根长出后发挥吸收作用，成为最活跃的根系。

（二）茎干

咖啡的茎直立，嫩茎略呈方形、绿色，木栓化后呈圆形、褐色。小粒种咖啡茎节间长 4 ～ 7 厘米，每个节上生长一对叶片。叶腋有叠生芽，在上的称上芽，在下的称下芽。上芽发育成一分枝，下芽发育成直生枝。上芽与下芽同时萌动，每个上芽抽生一次，而下芽可抽生多次。在主干顶芽受到抑制或主干弯曲时，下芽便萌发成具有主干生长形态的直生枝，直生枝可培养成为主干。

咖啡主干的生长有明显的顶端优势。靠近主干顶部的枝条生长得特别旺盛，但这种优势会随着主干的增高而减弱。若任由主干自然生长，

各类咖啡可按照其生长力继续长高，小粒种可达 4 ～ 6 米、中粒种可达 6 ～ 8 米、大粒种可达 10 多米，但如此会造成收获困难、产量低，因此必须控制主干的高度。小粒种咖啡采用单干整形、去顶的方法，使其在定植后 3 ～ 4 年中形成圆筒形树冠。

主干的生长具有季节性变化特征，旱季生长量小、节间短；雨季生长量大、节间长；冬季生长量最小、节间最短，会出现密节。咖啡的枝条按其着生部位及生长方向分为一分枝、二分枝、三分枝、次生分枝、直生枝等几类。

（三）叶片

咖啡叶对生，一般是两列平展，个别单叶轮生。叶柄短，叶片革质、绿色、有光泽、椭圆形至长椭圆形。小粒种咖啡的叶片大小比较均匀，叶片小而末端比较尖长，叶缘波浪明显，长 12 ～ 16 厘米，宽 5 ～ 7 厘米。中粒种咖啡的叶片长而大，质较软而薄，有明显的波纹，长 20 ～ 40 厘米，宽 8 ～ 10 厘米。大粒种叶片革质、硬厚、端尖，叶缘近无波纹，长 17 ～ 20 厘米，宽 6 ～ 8 厘米。咖啡树的叶片呈典型的腹背对称状，叶片含有单宁、淀粉粒及草酸钙。

（四）花朵

咖啡树的第一次开花期发生在树龄三年左右，花数朵至数十朵，丛生于叶腋间，每 2 ～ 5 朵花着生于一个花轴上，花梗短，花白色、芳香。中、小粒种咖啡的花瓣一般为 5 片。花瓣基部连接呈管状，形成高脚蝶状花冠。雄蕊一般与花瓣同数，着生在花冠咽喉部。花药两室着生在花丝的两端，两者构成“丁”字状。雌蕊花柱呈长丝状，柱头两裂，子房下位，通常为两室，每室中央胎座上有一个倒生胚珠，珠柄基短。虫媒花，大粒种和小粒种能自花授粉，中粒种多为异花授粉。咖啡是一种短日照植物，具有多次开花现象及花期集中的特性。在云南（德宏傣族景颇族自治州），小粒种咖啡花期为 2—7 月，盛花期为 3—5 月。咖啡的开花受气候，特别是雨量和气温的影响较大。咖啡花寿命短，只有 2 ～ 3 天的时间。小粒种咖啡一般在清晨 3—5 时初开，5—7 时盛开。当气温低于 10℃时花蕾不开放，气温在 13℃以上时花蕾才能正常开放。中粒种花粉比小粒种的多。

（五）果实

咖啡果为浆果，亦称核果，椭圆形，长 9 ～ 14 毫米。幼果绿色，成熟时呈红色、紫红色。每个果实通常含有种子两粒，也有单粒和三粒的。咖啡浆果由种脐、果实和果柄组成，咖啡果实内含有两颗种子，也就是咖啡豆。这两颗豆子各以其平面的一边，面对面直立相连。咖啡果实可分为以下几个部分：①外皮，为薄薄的一层革质层，未成熟前为绿色，将近成熟时为浅绿色，充分成熟时为鲜红或紫红色；②中果皮，即果肉，是一层带有甜味和间杂有纤维的浆质物；③内果皮，也称为种壳，是由石细胞组成的一层角质壳；④种仁，包括种皮（银皮）、胚乳、子叶、胚茎等部分，如图 2-1 所示。

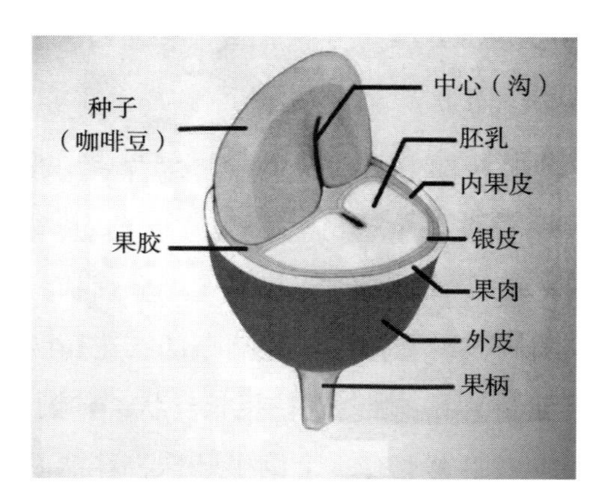

图 2-1　咖啡浆果结构图

资料来源：黄家雄. 小粒咖啡标准化生产技术 [M]. 北京：金盾出版社，2009.

咖啡果实发育时间较长。小粒种咖啡需 8 ~ 10 个月（在当年的 10—12 月成熟）；中粒种咖啡需 10 ~ 12 个月（当年 11 月至次年 5 月成熟）；大粒种咖啡需要 12 ~ 13 个月。雨量对果实发育的影响较大，气候条件直接影响果实的发育。

果实自开花至成熟所需的时间，一般约为七个半月。开花后第一个月，果实发育速度很慢；第二至第三个月果实大量吸水，体积迅速增大；第四至第七个月果实体积增长缓慢，而果核干物质积累大量增加，内果皮逐渐变硬，果实颜色逐渐由绿变黄、变红；开花后第七到九个月，果实体积继续增大，果肉增厚，含糖量迅速增加，果实颜色逐渐变成紫红色，而果核干物质已不再增加。果实由深红变为紫红色时，代表果实已经完全成熟，即可收获。经实地观察发现，果实成熟后两个月内不会脱落，但此时果肉大量积累糖分，对咖啡树影响很大，往往会造成植株营养亏缺，逐渐衰弱，所以必须及时采收。

二、咖啡的品种

咖啡属的植物约有 40 多种，其原生种有阿拉比卡种、罗布斯塔种和利比里亚种，能够生产出具有商品价值的咖啡豆的仅有阿拉比卡种和罗布斯塔种。

（一）阿拉比卡种（学名：Coffea arabica）的特征

阿拉比卡种的原产地是埃塞俄比亚的阿比西尼亚高原（即现在的埃塞俄比亚高原），初期主要作为药物食用，当地人于 13 世纪时培养出烘焙饮用的习惯，16 世纪时经阿拉伯地区传入欧洲，进而成为全世界人民共同喜爱的饮料。所有的咖啡中，阿拉比卡种的咖啡占 60% ~ 70%，绝佳的风味使它成为原生种中唯一能够直接饮用的咖啡。阿拉比卡种的咖啡树适合种植于日夜温差较大的高山以及湿度低、排水良好的土壤中；理想的种植海拔高度为 500 ~ 2 000 米，海拔越高、品质越好。种植阿拉比卡咖啡树要求土壤肥沃、湿气充足，还要有适当的日照与遮阴条件，且其树种的抗病虫害能力较差，易受损害，因此单位面积咖啡树的年产量也较低。阿拉比卡种咖啡具有优质的香味与酸味，豆子形状呈扁平或椭圆形，树高 5 ~ 6 米，耐腐性弱，大约栽培后 3 年就可开花结果。世界著名的蓝山咖啡、摩卡咖啡等，几乎全是阿拉比卡种。因其对干燥、霜害、病虫害等的抵抗力过低，特别不耐咖啡的天敌——叶锈病的侵害，因此各生产国都致力于进行品种改良。

阿拉比卡种咖啡豆的主要产地为南美洲（阿根廷、巴西部分区域除外）、中美洲、非洲（肯尼亚、埃塞俄比亚等地，主要是东非各国）和亚洲（包括也门、印度、巴布亚新几内亚的部分区域）。

阿拉比卡种包括了原生种、基因突变种、自然杂交种、人工杂交种和选拔种，其特征略有差异。铁毕卡（Typica）和波旁（Bourbon）这两个经典的优质咖啡品种为云南咖啡的主要栽培品种。此外，1991 年从肯尼亚引入的卡蒂莫（Catimor）系列品种，其抗病毒能力更强，产量更高，属阿拉伯种（又称小粒种）的变种。由于这两个品种的形态和习性相似，因而两者多混合栽培。此外，1991 年从肯尼亚引入的卡蒂莫（Catimor）系列品种抗病菌能力更强，产量更高，属阿拉比卡种（又称小粒种）的变种。

1．铁毕卡（Typica）

铁毕卡是最经典的优质阿拉比卡种，目前很多商业改良种都源自此种。铁毕卡咖啡原产于埃塞俄比亚及苏丹的东南部，是西半球栽培最广泛的咖啡变种，其植株较健壮，但不耐光照，在夏威夷的产量较高。铁毕卡顶叶为红铜色，因此又称红顶咖啡，叶片较狭长，浆果较大、早熟。铁毕卡风味优雅，味道表现极佳，豆体呈椭圆形或瘦尖形，从侧面看，豆身扁薄，就算栽种地区的海拔高度不同，生豆侧面的薄厚差异也不会太大，因此是公认的精品咖啡品种，适宜在有灌溉条件的干热地区种植，但是产量极低，而且易受叶锈病的侵蚀，同时镰刀菌病、炭疽病、天牛类病虫害现象较重，需要投入更多的人力进行管理。鲜干比为 4.5 ~ 5 ∶ 1，干豆千粒重为 170 ~ 250 克，每千克 4 400 ~ 6 000 粒。据记载，铁毕卡变种（C. arabica var. typica Craber）于 1914 年从缅甸引入云南瑞丽，此后长期零星栽种，后于 20 世纪 50 年代引至保山潞江坝等地种植。

2. 黄色波旁（Bourbon Amarello）和波旁变种

波旁原生于印度洋的波旁岛（现称留尼旺岛），是铁毕卡（Typica）突变产生的次种，与铁毕卡同属现存最古老的咖啡品种。波旁的绿色果实成熟时会呈现鲜红色，而黄色波旁种则是波旁种与其他品种杂交而出的，其果实成熟后为黄色。1930 年，巴西的圣保罗产区出现红波旁与铁毕卡变种出的黄果皮图卡图自然杂交品种，并于 1952 年推广种植。在巴西，黄波旁的产量高出红波旁 40%，其酸甜味优于红波旁，是精品豆的代名词。黄波旁适宜在有灌溉条件的干热地区，高地、无荫蔽的环境中种植，分枝生长初期与主干成 45 度角，叶片较宽，嫩叶淡绿色，果实近圆形，浆果较小，成熟较慢，耐光，结实过多、过早且发生枯枝病的概率不如铁毕卡大；鲜干比为 4.5 ~ 5 ∶ 1，干豆千粒重为 170 ~ 250 克，每千克 4 400 ~ 6 000 粒。果实具有甜美柔畅的甜感，均衡柔顺的酸度，苦感微弱干净，含有浓郁的巧克力香气和坚果风味，口感明亮清爽。黄波旁产量较低且较不耐风雨，湿热区种植时，叶锈病、镰刀菌病、炭疽病、天牛类病虫害现象较重，因此未被广泛种植，但是其种植在高海拔地区时会有极佳的风味表现，故近年来较为常见。

波旁变种是阿拉比卡种中仅次于铁毕卡的变种。主枝最初和主干呈 45 度向上生长，随果实负荷增加而下垂，侧枝节间较密，结果多，产量较高，但浆果较小、成熟慢，结实过多和过早时发生枯枝病的程度不如铁毕卡严重。叶子较宽，嫩叶浅绿色，耐光，适宜生长在高地无荫蔽的环境中。在巴西的圣保罗州，黄色外果皮的波旁变种表现出了卓越的高产能力，其在拉丁美洲范围内正在逐年代替对环境要求较高的铁毕卡变种。

3．卡杜拉（Caturra）和卡杜拉变种

卡杜拉是阿拉比卡品种波旁（Bourbon）的一个自然变种，于1937年在巴西圣保罗州被首次发现，树体没有波旁高大，由于继承了波旁的血统，所以抗病力较弱，叶片较大，叶片边缘呈波浪形，但其产量却高于黄波旁。卡杜拉适合种植于海拔高度在700 ~ 1 700米的地区，海拔越高，风味也越佳，产豆量也相应减少，目前在巴西、哥伦比亚等中南美产区广泛种植。

卡杜拉变种是波旁变种的一个单基因突变种，起源于巴西，在圣保罗、巴伦那、米纳斯吉利斯和埃斯皮拉多山等地以及非洲的安哥拉广泛栽培。目前，卡杜拉咖啡树正在哥伦比亚大量种植，它是一种高产品种，产量比传统咖啡品种的正常产量高5 ~ 7倍。它只有1.2米高，无须荫蔽，定植3年后可结果。但它比其他品种更需要肥沃的土地、较细致的修剪，还需经常施肥和喷洒杀虫剂。卡杜拉在哥伦比亚的种植区位于号称“金三角地带”的肥沃地区，由于生长茂盛，其产量几乎占哥伦比亚全国产量的30%。

4．S288

S288由小粒种与大粒种咖啡的天然杂交种与肯特（Kent）种杂交的后代S26自交育成。我国于1963年从印度引入S288，后由云南德宏热带农业科学研究所对其进行了抗锈病试验、适应性观察、产量及产品风味测定研究，最终于1985年通过成果鉴定后推广。S288的树型呈塔形，叶片厚、长椭圆形，嫩叶古铜色，浆果近圆形；鲜干比为4.5 ~ 5 ： 1，干豆千粒重为160 ~ 250克，每千克3 400 ~ 5 800粒，适合在各类型热区种植，具有抗咖啡锈菌2号生理小种的能力。

5．卡蒂莫系列品种

1）卡蒂莫7963（Catimor CIFC7963）

卡蒂莫7963由葡萄牙国际咖啡锈病研究中心（CIFC）用Hibrido de

Timor 与卡杜拉（Caturra）杂交后再多次回交选育而成。云南德宏热带农业科学研究所于 1988 年 3 月从 CIFC 引入卡蒂莫 7963，经适应性栽培试验研究，于 1995 年 11 月通过成果鉴定后推广。树型呈圆柱形，植株矮生，叶色浓绿，叶片厚，分枝紧密，节间短，浆果近圆形，鲜干比为 5 ~ 5.5 ∶ 1，干豆千粒重为 160 ~ 200 克，每千克 5 000 ~ 6 000 粒。咖啡颗粒较小，商业竞争能力弱。卡蒂莫 7963 适合在各类型热区种植，较耐干旱，对咖啡驼孢锈菌具有良好的抗性，天牛危害较轻。

2）卡蒂莫 P 系列品种

卡蒂莫 P 系列品种起源于葡萄牙，由雀巢农艺部于 1990 年引入云南普洱。树型呈圆柱形，植株矮生，节间短，叶色浓绿，叶片厚，浆果近圆形，鲜干比为 5 ~ 5.5 ∶ 1，干豆千粒重为 165 ~ 210 克，每千克 4 500 ~ 6 000 粒。P1、P3、Pt 的嫩叶为古铜色，P2、P4 的嫩叶为淡绿色。卡蒂莫 P 系列品种适合在各类型热区种植，较耐干旱，抗锈病及抗细菌性疫病能力较强，水肥需求量大。P1、P2、P3、Pt 的耐寒性较差，P4 的抗寒性较强。

6．T8667

T8667 起源于哥斯达黎加，叶片大，枝条稀疏，嫩叶古铜色，果实较大，鲜干比 5.3 ∶ 1，产量较高，成熟较慢，适合在各类型热区种植，抗逆性强，对已知的锈病生理小种都具有抗性，水肥需求量大。

7．T5175

T5175 起源于哥斯达黎加，树型较紧凑，叶片大小中等，嫩叶古铜色，果实大小均匀，鲜干比 4.7 ∶ 1，枯枝、烂果少，产量较高，成熟较慢，适合在各类型热区种植，抗逆性强，对已知的锈病生理小种都具有抗性，水肥需求量大。

（二）罗布斯塔种（学名：Coffea robusta Linden）的特征

罗布斯塔种的原产地在非洲的刚果，其产量占全世界产量的 30% ~ 40%。罗布斯塔咖啡树适合种植于海拔 500 米以下的低地，对外部环境的适应性极强，能够抵抗恶劣气候条件，抗病虫害能力强，不易遭受农害，单位面积咖啡树的年产量较高，在整地、除草、剪枝时也不需要太多人工干预，可以任其在野外生长，是一种容易栽培的咖啡树。罗布斯塔种咖啡可利用机器大量采收，一般而言，生产成本低于阿拉比卡咖啡，但是其风味比阿拉比卡种苦涩，品质上也逊色许多，所以大多用来制造速溶咖啡。

阿拉比卡种咖啡豆生长在热带较冷的高海拔地区，不适合阿拉比卡种咖啡生长的高温多湿地带就是罗布斯塔种咖啡生长的地方。罗布斯塔种具有独特的香味（称为“罗布味”，有些人认为是霉臭味）与苦味，仅仅占混合咖啡的 2% ~ 3% 时，整杯咖啡就成了罗布斯塔味，并且风味鲜明强烈，一般被用于速溶咖啡（萃取出的咖啡液大约是阿拉比卡种的两倍）、罐装咖啡、液体咖啡等工业咖啡的生产。罗布斯塔种咖啡的咖啡因含量为 3.2% 左右，远高于阿拉比卡种的 1.5%。

罗布斯塔种的主要生产国是印度尼西亚、越南及以科特迪瓦、阿尔及利亚、安哥拉为中心的西非诸国。近年来，越南致力于跻身主要咖啡生产国的行列，并将咖啡生产列入了国家政策中（越南也出产部分阿拉比卡种咖啡）。

（三）利比里亚种（学名：Coffea liberica）的特征

利比里亚种的产地为非洲的利比里亚，它的栽培历史比以上两种咖啡都短，所以栽种的地方仅限于利比里亚、苏里南、圭亚那等少数几个地方，因此产量仅占全世界产量的 5% 不到。利比里亚种咖啡树适合种植于低地，高温或低温、潮湿或干燥等各种环境，具有很强的适应能力，所产的咖啡豆具有极浓的香味及苦味，风味较阿拉比卡种略差。

国际咖啡组织统计，扣除各咖啡生产国国内交易的部分，在世界市场流通的咖啡中，60% 以上为阿拉比卡种，35% 左右为罗布斯塔种。阿拉比卡种咖啡的特征是颗粒细长且扁平，罗布斯塔种的咖啡豆较浑圆，由形状即可轻易分辨出两者。但若再加上阿拉比卡种与罗布斯塔种的杂交种及其突变的次种咖啡豆，如变种哥伦比亚（Variedad Colombia）次种（它属于哥伦比亚咖啡的主要品种，有 1/4 的罗布斯塔种血统，因而能抗锈病且产量高），分类则会更加复杂。有的阿拉比卡种咖啡豆相当接近原生种，也有些阿拉比卡种很类似于罗布斯塔种。即使咖啡名称相同（因为命名取自产地名称），但如果栽培品种不同，风味也会有所不同。

表 2-1 所示为三大原生种的生物特征。

表 2-1　三大原生种的特征

	阿拉比卡种	罗布斯塔种	利比里亚种
口味、香气	优质的香味与酸味	香味类似炒过的麦子、酸味不明显	苦味重
豆子的形状	扁平、椭圆形	较阿拉比卡种偏圆	汤匙状
树高	5 ~ 6 米	5 米左右	10 米
每树收成量	相对较多	多	少
栽培高度	500 ~ 2 000 米（低海拔区）	500 米以下（低海拔区）	200 米以下
果实耐腐性	弱	强	强
适合温度	不耐低温、高温	耐高温	耐低温、高温
适合雨量	不耐多雨、少雨	耐多雨	耐多雨、少雨
结果期	大约在 3 年	3 年	5 年
占世界生产量的比例	70% ~ 80%	20% ~ 30%	少

三、咖啡的栽培

世界上的咖啡生产国有六十多个，其中大部分位于南北回归线之间的热带、亚热带地区内，这一咖啡栽培区被称为“咖啡带”或“咖啡区”。咖啡带的年平均气温都在 20℃以上，因为咖啡树是热带植物，若气温低于 20℃则无法正常生长。

（一）咖啡栽培的温度

咖啡原产于热带的非洲，小粒种的原产地是埃塞俄比亚的热带高原地区，海拔 900 ～ 1800 米，年平均温度 19℃；中粒种原产自刚果的热带雨林区，海拔 900 米以下，年平均温度为 21 ～ 26℃。它们的原产地都是荫蔽或半荫蔽的森林和河谷地带，因此，形成了咖啡需要静风、温凉、湿润环境条件的种植特点。

咖啡的不同品种对温度的要求不同。小粒种需要较温凉的气候，要求年平均温度在 19 ～ 21℃，月平均温度降至 12.7℃时，植株生长缓慢；日绝对最低温 4.5℃持续一小时，新抽的顶芽和嫩叶就会受害；零下 1℃时，叶片表面形成霜冻，气温回升后，叶片背面出现水渍状斑块，受害轻者可复原，严重者大量落叶，枝条干枯，而且会影响花芽的正常分化与发育，使产量锐减。中粒种咖啡需要较高的温度，年平均温度宜保持在 23 ～ 25℃。最适于花芽发育的气温为 20 ～ 21℃，最适于开花的温度为 17 ～ 20℃，低于 10℃时，不利于开花和授粉，如温度降至 0℃，叶片就会出现受寒害的现象。

（二）咖啡栽培的雨量

世界咖啡产区的雨量一般在 1 000 ～ 1 800 毫米，有的少至 760 毫米，有的多达 2 500 毫米。年降雨量在 1 250 毫米以上且分布均匀，最适于咖啡的生长和发育。旱季过长，咖啡生长会受到抑制，不利于花芽发育，不正常花增多，稔实率降低；雨水过多，则易引起枝梢徒长，开花结果减少。云南省潞江农场的年降雨量仅为 700 毫米，旱期长达 8 个月，但在有灌溉的条件下，咖啡仍然生长良好。

（三）咖啡栽培的光照

咖啡属于半荫蔽性作物，在全光照下，咖啡的生长会受到抑制，如果再加上水、肥不足的情况，就会出现早衰和死亡的现象。荫蔽度过大，会导致植株的生长过旺，枝叶徒长，开花结果减少。咖啡对光的要求因品种、发育期、土壤肥力和水分状况的不同而有差别，大粒种最耐光，

小粒种又比中粒种耐光。在土壤肥沃和有灌溉的条件下，荫蔽度可减小或者不需荫蔽；相反，如在土壤瘦瘠而高温干旱的地区栽种咖啡，就应适当增加荫蔽。一般适宜的荫蔽度大致是：苗期为 60% ~ 70%，定植后至结果前为 40% ~ 50%，盛产期为 20% ~ 40%。

（四）咖啡栽培的土质

咖啡树的根系发达，在肥沃疏松的森林土壤中生长良好。肥沃的沙壤土或红壤土均适宜种植咖啡，排水优良的黏土对咖啡根系的生长不利。土壤中的 pH 低于 4.5 时，根系发育不良。咖啡适宜种植在赤红壤、砖红壤土壤中，pH 为 5.5 ~ 6.5 最为适宜。栽培咖啡要求土层厚度 0.8 米以上，地下水位 1 米以下，排水良好，土壤疏松肥沃，红壤土或沙壤土，有机质含量在 1% 以上。简单来说，适合栽种咖啡的土壤就是有足够湿气与水分且富含有机质的肥沃火山土。埃塞俄比亚高原上就布满了这种火山岩风化土，具有富含腐殖质的土壤自然成为适合栽种咖啡的基本条件之一。

事实上，巴西高原地带、中美高地、南美安第斯山脉周边、非洲高原地带、西印度群岛、爪哇（部分地方的土壤也是火山岩风化土，或是火山灰与腐殖土的混合土）等咖啡的主要生产地带也和埃塞俄比亚高原地带一样，拥有水分充足的肥沃土壤。

土质对咖啡的味道有着微妙的影响，种植在偏酸性土壤中的咖啡，酸味也会较强烈。例如，巴西里约热内卢一带的土壤带有碘味，采收咖啡豆时采用摇树法将果实摇落到地面后，咖啡也会沾染上那种独特的味道。

（五）咖啡栽培的地形与高度

业界一般认为，高地出产的咖啡的品质较佳。中美洲地区各咖啡生产国因为有山脉自大陆中央穿越，它们会以标高作为分级标准 ，如危地马拉的 SHB（Strictly Hard Bean）。七等级中的最高级即 SHB，代表它的产地高度约为海拔 1 370 米。

虽然咖啡庄园位于险峻的斜坡高地上，对于交通、搬运以及栽培管理各方面都不便利，但是，这样的地形气温低且易起晨雾，能够缓和热带地区特有的强烈日照，让咖啡果实有时间充分发育成熟。

不过牙买加岛的蓝山咖啡与夏威夷的科纳咖啡却不是高地采收而来的，因为只要有合适的气温、降雨量和土壤，会起晨雾，日夜温差大，就能栽种出高品质的咖啡。由此可知，即使高地产等于高品质，也并不意味着低地产等于低品质。标高只能视为判断咖啡等级的参考标准之一，标高虽然重要，但产地的地形与气候条件更重要。

咖啡的主要消费市场——欧洲诸国，很久以前就给了肯尼亚及哥伦比亚等高地咖啡较高评价。定量的咖啡豆能够萃取出较多的咖啡液（即浓度较高），这也是高地咖啡获得好评的原因之一。另外，前面已经提过，原产于刚果的罗布斯塔种咖啡栽种在海拔 1 000 米以下的低地，与阿拉比卡种不同，它生长速度快又耐病虫害，在不肥沃的土壤中亦能栽种，因而味道与香气都远逊于阿拉比卡种咖啡。咖啡树的适宜生长条件如表 2-2 所示。

表 2-2　适宜咖啡树生长的条件

环境条件	最佳范围	适应范围	有害条件
年均温	19 ~ 21℃	17 ~ 25℃	低于 17℃或高于 25℃
最冷月均温	12 ~ 16℃	11.5 ~ 13℃	低于 11.5℃
极端低温	高于 1.0℃	高于 0℃	低于或等于 0℃
海拔	900 ~ 1 000 m	600 ~ 1 300 m	/
年降雨量	1 400 ~ 2 000 mm	700 ~ 3 000 mm	小于 700 mm
干季	3 个月	1 ~ 5 个月	/
土壤	土层深度大于 60 cm，结构疏松肥沃，保水、排水、通气性良好，pH 值为 6 ~ 6.5，过沙、过黏、过酸、过碱的土壤都不利于咖啡树的生长		
光照	咖啡生长前期需要 70% 左右的光照，可通过选留覆荫树和人工栽培荫蔽树等方法调节		
风	喜静风环境，忌大风和干热风		
地形	如果地块较凉，坡向以南或西南为最好；山地以丘陵地形较适宜咖啡树生长		

表 2-3 所示为低地产和高地产咖啡的特征。

表 2-3　低地产、高地产的咖啡特征

	颜色	豆质	香味	酸味	涩味	醇厚度	储藏	烘焙	价格
低地产	淡绿色	柔软	弱	弱	弱	低	不适合	容易	低
高地产	深绿色	坚硬	强	强	强	高	适合	困难	高

注：等量的咖啡豆所萃取的咖啡液，以高地产的较多，因此欧洲对高地产咖啡的评价较高。

四、咖啡的病虫害及其防治

咖啡病虫害很多，防治必须贯彻“预防为主、综合防治”的植保方针，防治方法主要是改善环境条件和增强作物的抵抗力，防止病原物、害虫的传入和繁殖，消灭已传入的病原物、害虫或防止它们的传播和侵染。

（一）幼苗立枯病

咖啡幼苗立枯病主要发生在与土壤交接的根茎基部，发病初期出现水渍状病斑，以后逐渐扩大，造成茎干环状缢缩，使顶端的叶片凋萎，全株自上而下青枯、死亡。病部长出乳白色菌丝体，形成网状菌索，后期长出菜籽大小的菌核，颜色由灰白色到褐色。

防治方法：选择新地育苗，避免连作，用 800 ～ 1 000 倍多菌灵对土壤进行消毒，发现病株及时拔除。

（二）咖啡锈病

咖啡锈病是咖啡最严重的病害之一，感染后，咖啡叶的两侧会呈现粉状橙色斑点，但多发于叶片下侧。病情严重的，会使叶子凋落，降低当年和来年的咖啡产量。目前，云南地区出现了 10 种锈病，全球范围内出现了 30 余种。这种病害的孢子可附着在衣服和机械设备上，通过空气在不同地区间进行传播。锈病在高海拔地区发病较少，铁毕卡、波旁、瑰夏（又名艺伎）和卡杜拉等品种极易受其感染，除非在咖啡锈病暴发时已经制订了集中喷雾方案，否则应避免种植上述品种。锈病在高海拔地区不太常见，可在这些地区实验种植易患病品种。

防治方法：选用抗锈病的品种种植，加强抚育管理，提高植株抗病力，对咖啡园里的植株要及时修剪，除去弱枝病叶，特别是在旱季结束之前要全面检查，一旦发现病叶，应立即全部摘除，病害流行时采用1% ~ 5% 的波尔多液喷射 2 ~ 3 次，病情严重时用 20% 粉锈宁 400 倍液喷洒或用 50% 氧化萎锈灵 1 000 倍液喷洒。

（三）咖啡炭疽病

咖啡炭疽病主要发生在叶片、果实、枝条上。叶片感病后，上下表面均有淡褐色病斑，直径 3 毫米左右，中心灰白色，边缘黄色，后期完全变成灰色，有同心轮纹排列的黑色小点，病斑多在叶缘。枝条感病后产生褐色斑，最后引起枝条回枯，果实感病后形成僵果，果肉变硬，紧贴于种豆上，果皮上有紫色病斑，严重时落果。

防治方法：代森锰锌、1% 波尔多液、40% 氧化铜 100 倍液、70% 百菌清 250 倍液，任选一种，每七八天喷洒 1 次，连喷 2 ~ 3 次。

（四）枯梢干果病（又称黑果病）

黑果病发病初期，咖啡幼果果皮出现红褐色斑点，继而扩大呈近圆形的斑块，斑块周围有淡绿色晕圈，重者可扩展至整个果表面；后期病斑变成黑色，果皮干瘪下陷，与种壳紧密结合，不容易脱去果皮，病斑周围健康的果皮也早熟变红，豆粒发育不良。同时，在叶片上也可以看到褐斑病症状。如果发病较早且严重，可使整株幼果变黑干枯，到次年2 ~ 5 月常引起中层果枝叶片成批脱落和枝条回枯，甚至植株死亡。

防治方法：认真选择宜植地，协调土、水、肥管理，适时荫蔽，合理修剪，控制病虫害，改善生态环境，科学管理。

（五）咖啡木蠹蛾

咖啡木蠹蛾幼虫蛀食咖啡树干和枝条，尤以危害幼嫩枝为主。幼虫孵化后，多从接近嫩梢顶端的腋芽处蛀入，侵入后先在木质部与韧皮部之间环绕枝干咬一周再沿髓部向上蛀食，3 ～ 5 天内被害处以上部分枯萎，幼虫钻出枝条外，向下转移，以后又在不远处的节间再蛀入枝条继续危害。

防治方法：宜采取人工捕杀或剪除受害枯梢、集中烧毁的方法防治；成虫产卵和幼虫孵化期间喷洒药物；用氯化苦或二硫化碳做枝干塞孔熏杀幼虫。

（六）旋皮天牛与灭字虎天牛

旋皮天牛为害 2 ～ 3 年生咖啡树茎部皮层，幼虫孵出后即在树干皮层下钻蛀隧道为害，随着虫龄的增长，害虫逐渐蛀入木质部，蛀食孔道呈螺旋状盘旋，不规则连续蛀食，孔道常连续 3 ～ 4 圈，韧皮部全部切断，只剩表皮，由此树干极易折断，植株生势衰弱，枝叶枯黄，影响继续开花结果。

灭字虎天牛幼虫为害枝干，将木质部蛀成纵横交错的隧道，隧道内填塞虫粪，并向茎干中央钻蛀为害髓部，然后向下钻蛀为害至根部。严重影响水分的输送，致使树势生长衰弱，枝叶枯黄，表现缺肥缺水状态。盛产期被害时，果实无法生长，被害植物易被风吹断。植株被害后期，被害处的组织因受刺激而形成环状肿块，表皮木栓层断裂，水分无法往上输送，上部枝叶表现黄萎，下部侧芽丛生。当幼虫蛀食至根部时，导致植株死亡。严重受害时可致全咖啡园被毁。

防治方法：加强田间管理，人工捕杀幼虫，5 月下旬至 7 月上旬晴天时，选用噻虫啉、甲维・吡虫啉或氯氰菊酯等药液喷施或用“10 份水 +6 份石灰 +0.2 份食盐”的混合液涂刷树干老化部分。

（七）咖啡绿蚧

咖啡绿蚧通常是指沿叶脉和在茎尖上聚集的绿色、不活动的小型卵状昆虫。这些昆虫属寄生，数量较多时会产生严重危害，尤其是对咖啡幼株。症状包括树叶严重褪色、变黄。严重时，绿蚧会蚕食咖啡果和树茎。瓢虫和黄蜂等是绿蚧的天敌，但蚂蚁却能阻止捕食者捕食绿蚧。绿蚧会产生一种蚂蚁喜食的称为蜜露的蜡质物质，这种物质会促进被称为烟霉的真菌霉的生长，另一种真菌——轮枝菌，也与绿蚧有关。雨季防治绿蚧不会达到理想的效果。杂草为绿蚧提供了庇护所，也为蚂蚁提供了遮蔽，蚂蚁会将绿蚧转移到咖啡树上。绿蚧会影响咖啡树的生长和咖啡果的质量，数量较多时需加以控制。建议对有绿蚧的农田开展调查。

防治方法：生物防治（如瓢虫和真菌）有助于自然减轻健康生态环境下的虫害；对保护绿蚧免受捕食者捕食的蚂蚁进行控制，通过拌有杀虫剂的颗粒饵料可对蚂蚁进行有效控制；喷洒轻质矿物油和硫酸铜可防治绿蚧和真菌；除草；因其只是零星危害，一般只喷病株。

（八）根结线虫

根结线虫是生活在土壤中的蛔虫，会攻击和损害咖啡根部。根结线虫受到咖啡根部渗出物的引诱，会以根部为食，造成巨大危害，使咖啡无法形成典型的根结，主要症状有主根软化、营养根丧失以及剩余根系发育不良。根结线虫大部分生活在排水良好土壤中种植的咖啡上。带有根结线虫的咖啡植株整体外观不健康，生长缓慢且产量极低。

防治方法：选用无虫土育苗；清除带虫残体，压低虫口密度；深翻土壤；轮作防虫；高（低）温抑虫。可选用 10% 克线磷、3% 米乐尔、5% 益舒宝等颗粒剂，每亩 3 ～ 5 千克均匀撒施后耕翻入土。

（九）镰刀菌病

镰刀菌病常见于一分枝基部或主干某节，皮层出现褐色病斑，病斑扩大会使树皮干枯，外表出现缢缩状，切开木质部可见深褐色纵条纹，可造成叶片凋萎、干果严重、枝干枯死。

防治方法：可以使用杀菌剂 2% 春雷霉素，稀释 600 ～ 800 倍液叶面喷施；5% 碘稀释 1 500 ~ 2 000 倍喷雾；30% 恶霉灵水剂稀释 1 200 ~ 1 500 倍液进行叶面喷施。

五、咖啡的产地

咖啡的产地主要集中在南美洲、中美洲、非洲、亚洲和大洋洲。

咖啡的生产地带（俗称“咖啡带”）介于北纬 25 度到南纬 30 度之间，涵盖了中非、西非、中东南亚、太平洋、拉丁美洲、加勒比海的许多国家。咖啡的种植之所以集中在此一带状区域，是因为受到气温的限制。因为咖啡树很容易受到霜害，纬度偏北或偏南的地区皆不合适，以热带地区为宜，此地区的热度和湿度最为理想。目前世界上的咖啡豆主要来自阿拉比卡种咖啡，品质较好。

（一）中美洲及加勒比海

1．墨西哥

墨西哥是世界第四大咖啡生产地，年产咖啡约 500 万袋。当地大部分咖啡是由近 10 万户的小耕农生产的，曾经操纵咖啡业的大庄园已不多见了。墨西哥咖啡每公顷产量为 630 千克左右，口味幼滑而芳香。墨西哥最好的咖啡产地是该国南部的恰帕斯（Chiapas），那里种植的咖啡品种包括塔潘楚拉（Tapanchula）和维斯特拉（Huixtla）。

2．牙买加

1932 年，牙买加咖啡生产达到高峰，收获的咖啡多达 15 000 多吨。但到 1948 年，因为咖啡质量下降，加拿大购买商拒绝再续合约，为此，牙买加政府成立了咖啡工业委员会，以挽救顶级咖啡的命运。1969 年，情况得到了改善，牙买加利用日本贷款改善了生产质量，从而保证了对市场的供应。而如今，牙买加咖啡已达到了被人们狂热喜爱的地步。1981 年，牙买加当地又有 1 500 公顷左右的土地被开垦用于种植咖啡，随后又投资开发了另外 6 000 公顷的咖啡地。事实上，今天的蓝山地区是一个仅有 6 000 公顷种植面积的地方，不能所有标有“蓝山”字样的咖啡都在那里种植。另外的 12 000 公顷土地用于种植其他两种类型的咖啡（非蓝山咖啡）：高山顶级咖啡（High Mountain Supreme）和牙买加咖啡（Prime Washed Jamaican）。

牙买加的天气、地质结构和地势共同构成了得天独厚的理想咖啡种植条件，横贯牙买加的山脊一直延伸至小岛东部，蓝山山脉高达 2 100 米以上，天气凉爽、多雾、降雨频繁，使得这方富饶的土地雨水调和。在这里人们使用混合种植法种植咖啡树，使之在梯田里与香蕉树和鳄梨树相依相傍。但牙买加的咖啡业仍然面临着一系列的问题，如飓风的影响、劳作费用的增加和梯田难于进行机械化作业等，许多小庄园和农场很难进行合理化种植。现在，收获后的蓝山咖啡，90% 为日本人所购买。

3．哥斯达黎加

哥斯达黎加的塔拉苏是世界上主要的咖啡产地之一，当地的火山土壤十分肥沃，而且排水性好，是中美洲第一个因商业价值因素而种植咖啡和香蕉的国家。咖啡和香蕉是该国的主要出口商品。

4．古巴

如果这个生产上等雪茄的国家没有上等的咖啡与之相配，那肯定会令人感到惋惜的。古巴人喝咖啡的习惯是由法国移民带入的，早期就在古巴上流社会中开始盛行了。古巴咖啡分为 9 个等级，水晶山咖啡（Crystal Mountain）是最高级别的。古巴出口的生豆，按不同的等级分为不同的价格，第一优先的买主是日本、法国，然后是意大利、西班牙、德国、加拿大、瑞士和荷兰。假如不受政治气候的影响，毫无疑问，古巴将成为美国和日本的重要咖啡供应地。

5．危地马拉

危地马拉咖啡曾享有“世界上品质最佳咖啡”的声望，危地马拉的马德雷（Sierra Madre）火山山坡为种植上等的咖啡树提供了理想的条件，高海拔地带生长的咖啡树生机盎然。安提瓜岛是著名的咖啡产地，当地咖啡产于卡马那庄园（Hacienda Carmona）。每隔 30 年左右，安提瓜岛附近的地区就要遭受一次火山爆发的侵扰，火山爆发给本来就富饶的土地提供了更多的氮，而且充足的降雨和阳光使这个地方更适于种植咖啡树。危地马拉的咖啡产地还有圣马可（San Marco）、奥连特－科万（Oriente & Coban）、帕尔卡（Palcya）、马塔克斯昆特拉（Mataquescuintia）和位于萨卡帕的拉曼（La Uman）等。

6．波多黎各

1736 年，咖啡树从马提尼克引入波多黎各。今天，波多黎各的美式咖啡已出口到美国、法国和日本。尧科特选咖啡仅在该国西南部的三个农场内种植，其口味芳香浓烈，饮后回味悠长。在尧科地区，咖啡归当地的种植园园主拥有并经营。那里的山区气候温和，植物有较长的成熟期（从 10 月到次年 2 月），土质为优质黏土，种植着一些老品种的阿拉伯咖啡豆，尽管产量较其他品种偏低，但普遍优质。当地人坚持采用一种保护生态、精耕细作的种植方法，只使用一些低毒的化肥和化学药剂，并采取混合作物种植措施，从而使土壤更加肥沃。

7．多米尼加共和国

18 世纪早期，咖啡开始在多米尼加共和国种植，最好的生产地是该国西南部的巴拉奥纳地区，但是洪卡力托和奥科亚也出产上等的咖啡，如圣多明各（Santo Domingo）咖啡。与海地生产的咖啡不同，多米尼加共和国种植的咖啡大多数都是水洗，这也是高品质的象征。

8．萨尔瓦多

萨尔瓦多是中美洲的一个小国，人口十分密集。质地最优的咖啡在 1—3 月生产，35% 的特硬豆出口德国。萨尔瓦多的咖啡依据海拔高度进行等级划分，海拔越高，咖啡豆越好。萨尔瓦多咖啡是中美洲的特产，最好的品牌是匹普（Pipil），它已经取得了美国有机物证明学会（Organic

Certified Institute of America）的认可。当地另一种稀有的咖啡是帕克马拉（Pacamara）咖啡，它是帕卡斯（Pacas）咖啡和马拉戈日皮（Maragogype）咖啡的杂交品种，该咖啡的最佳产地位于萨尔瓦多西部，同与危地马拉边界相近的圣安娜相邻。

9．海地

海地生产的大部分咖啡是在纯天然的状态下生长而成的，这并非有意为之而是物质短缺的结果，其原因是当地农民们太穷，买不起杀菌剂、除虫剂和化肥。海地主要的咖啡种植区在该国的北部。与其他国家相比，海地咖啡的品牌、等级和种类更加繁多。在日本，海地咖啡常被掺入牙买加蓝山咖啡中，从而使蓝山咖啡的味道更加浓郁。尽管存在着众人皆知的问题，而且咖啡的质量也时好时坏，但海地仍在试图生产出高质量的咖啡。

10．洪都拉斯

洪都拉斯（Honduras）的咖啡是从萨尔瓦多传入的。像其他地方一样，洪都拉斯的咖啡等级依据海拔高度而定，在海拔 700 ～ 1 000 米地带种植的咖啡属于中等，海拔 1 000 ～ 1 500 米地带种植的咖啡属于上等，在海拔 1 500 ～ 2 000 米种植的咖啡属于特等。1975 年，巴西遭遇霜冻灾害之后，洪都拉斯的咖啡产量显著提高，20 年内便从 50 万袋增加到了 180 万袋。咖啡锈病是该国咖啡种植面临的最大的危害，尤其是在该国东部，锈病更为严重，而用于治疗这种病害的药物喷剂则对提高咖啡产量起到了很大的作用。洪都拉斯所有的咖啡都由个体运输商发货出口，大都出口到美国和德国。

11．巴拿马

巴拿马西邻哥斯达黎加，东接南美洲的哥伦比亚，当地咖啡多种植于靠西侧邻近哥斯达黎加的山区。上等的咖啡种植在该国北部，即靠近哥斯达黎加，临近太平洋一带。奇里基（Chiriqui）省博克特（Boquet）

区生产的咖啡很有名，其他地区则有大卫（David）区，瑞马西门图（Remacimeinto）区、布加巴（Bugaba）区和托莱（Tole）区。备受品评家们认可的博尔坎巴鲁咖啡（Café Volcan Baru）发展势头最好，该种咖啡品质特佳，1994 年的产量达 2000 袋，占全国总产量的 1%。

12．法国海外地区

（1）马提尼克。马提尼克（Martinique）是个小岛，它是中美洲咖啡的发源地，但是今天它的咖啡产量却很少。西半球的第一棵咖啡树是由加布里埃尔 • 马蒂厄 • 德 • 克利于 18 世纪 20 年代初从法国带来的。他早年是马提尼克岛的海军军官，带回咖啡树后，他把它们栽种到了普里切（Prechear），周围种植荆棘灌木，第一次收成是在 1726 年。随后，咖啡从马提尼克岛又传入了海地、多米尼加共和国和瓜德罗普岛。据记载，1777 年，马提尼克岛的咖啡树就达到了 1 879.2 万棵。马提尼克岛上的咖啡树见证了当地咖啡产业的成长及兴衰。今天，该岛主要出口香蕉、甘蔗和菠萝。

（2）瓜德罗普。1789 年，当地 5 平方千米土地上的 100 多万棵咖啡树的产量达 4 000 吨，而今天，当地只有 1.5 平方千米的土地被用于种植咖啡，下降的自然原因可归于甘蔗和香蕉生产的增加和 1996 年爱尼斯飓风（Hurricane Ines）对咖啡树的破坏；政治原因则为 1962—1965 年进行的土地重新分配，这给当地的咖啡生产造成了巨大损失。与香蕉和甘蔗种植相比，咖啡种植所需的工时更多，而且更需要资金。过去瓜德罗普岛（Guadeloupe）是咖啡最好的产地，但现在当地已经不出口咖啡了。博尼菲尔（Bonifieur）被认为是该地质量最好的咖啡，这是一个在咖啡史上曾令人耳熟能详的名字。

（二）南美洲

1．巴西

自 1960 年以来，巴西咖啡种植业一直位居世界榜首，年均产量为 2 460 万袋（每袋 60 千克）。美国农业部（USDA）数据显示，2019 年上半年巴西咖啡产量为 5 930 万袋（约 355.8 万吨）。

巴西是世界上最大的咖啡出口国，咖啡生产量占世界总量的 1/3，在整个咖啡交易市场中占有极为重要的地位。巴西咖啡的产地主要分布在米纳斯、圣艾斯皮里托、圣保罗、巴拉那、朗多尼亚、巴伊亚等州。目前，巴西咖啡种植面积约为 216 平方千米。米纳斯是巴西咖啡的主产区，2019 年产量为 3 297 万袋。圣艾斯皮里托州是巴西中粒咖啡的主产区，产量位居全国第一。

巴西咖啡的主要品种分为中粒咖啡、小粒咖啡。由于受市场价格影响，巴西正在调整咖啡品种结构，将小粒咖啡的种植面积减少，扩大大粒咖啡种植面积，咖啡种植的布局有向东北延伸的趋势。

2．哥伦比亚

哥伦比亚为世界第二大咖啡生产国，该国产量约占全球产量的 15%，当地咖啡树多种植于纵贯南北的三座山脉上，主要种植品种为阿拉比卡种咖啡。主要生产地区处在中部山脉和东部山脉地带。沿着中部山脉分布的最重要的种植园位于麦德林（Medellin）、阿尔梅尼亚（Armenia）和马尼萨莱斯（Manizales）地区；沿着东部山脉分布的两个最好的种植区在波哥大（Bogotá）周围和布卡拉曼加（Bucaramanga）周围。山阶提供了多样性的气候，这意味着整年都是收获的季节，在不同时期，不同种类的咖啡相继成熟。而且幸运的是，哥伦比亚不像巴西，它不必担心霜害。哥伦比亚大约有 27 亿株咖啡树，其中 66% 以现代化栽植方式栽培在种植园内，其余的种植在传统经营的小型农场里。哥伦比亚在 1927 年成立了哥伦比亚国家咖啡生产者协会（Colombian Coffee Growers Federation，FNC），负责对当地咖啡进行质量监管。

3．秘鲁

秘鲁是南美最主要的咖啡生产国之一，而咖啡也是秘鲁的第一大出口农产品，近年来出口量大幅增长，2018 年的出口量达到了 26.8 万吨。

秘鲁境内，安第斯山脉平行于海岸贯穿全境，当地九成以上的咖啡都种植在北部、首都利马以东的山谷以及安第斯山脉山坡的森林地区，大多数生产者都是小农业主。当地咖啡优质均衡，可以用于制作混合饮品。秘鲁具有良好的经济条件和稳定的政治局势，从而保证了咖啡的优良品质。在20世纪70年代中期，秘鲁咖啡的年产量约为90万袋，后来连续稳定增长到年产130万袋左右。2018年产量达到600万袋。

4. 委内瑞拉

早在1730年，咖啡树就从马提尼克岛传到了委内瑞拉，由于当时该国的石油发展正处于鼎盛时期，咖啡并没有得到发展的机遇。委内瑞拉最好的咖啡名品有产于塔奇拉州圣克里斯托瓦尔市的蒙蒂贝洛（Montebello）、产于塔奇拉州鲁维奥的米拉马尔（Miramar）、产于梅里达州蒂莫特的格拉内扎（Granija）、产于塔奇拉州圣安娜的阿拉格拉内扎（Ala Granija）。其他优质名品有马拉开波斯（Maracaibos，这是该咖啡出口港的名字）、梅里达（Merida）、特鲁希略（Trujillo）、圣菲洛蒙娜（Santa Filomena）和库库塔（Cucuta）。

5. 厄瓜多尔

厄瓜多尔在西班牙语里是“赤道”的意思。在哥伦比亚与秘鲁之间，赤道经过的厄瓜多尔是南美洲中既出产阿拉比卡咖啡，也出产罗布斯塔咖啡的少数国家之一。阿拉比卡咖啡树于1952年首次引入厄瓜多尔，其咖啡质量良好，尤以6月初收获的咖啡为最佳。厄瓜多尔咖啡豆可分为加拉帕戈斯（Galapagos）和希甘特（Gigante）两个品种，按质量可分为一等和特优两种，主要出口到斯堪的纳维亚半岛的北欧国家。

6. 玻利维亚

过去，玻利维亚的咖啡树常种在花园的周围充当树篱，起花木装饰作用。20世纪50年代早期，真正的商业生产才开始。1957年的大霜冻严重地损害了巴西的咖啡业，而玻利维亚却从中受益，迅速发展起来。

玻利维亚咖啡在海拔 180 ~ 670 米的高地种植，其出产的阿拉比卡水洗咖啡豆主要出口到德国和瑞典，其味道并非当今最好的，而且带点儿苦味。

（三）非洲

1. 埃塞俄比亚

咖啡树源于埃塞俄比亚，它原先是这里的野生植物，事实上，现在埃塞俄比亚的许多咖啡树仍然是野生植物。埃塞俄比亚是重要的咖啡生产国，当地大约有 1 200 万人从事咖啡生产，它也是非洲阿拉比卡咖啡豆的主要出口国，那里的咖啡品质卓绝，令人回味。

2. 坦桑尼亚

坦桑尼亚是典型的东非国家，北临肯尼亚、乌干达，南接马拉维、莫桑比克和赞比亚，西面是卢旺达、布隆迪。坦桑尼亚的咖啡出口在整个国民经济中占有重要的地位。在过去，坦桑尼亚咖啡业一直是庄园种植占主导地位，而现在 85% 以上的咖啡都由小耕农种植。许多小耕农组合成了众多合作组织，其中最重要的合作组织是乞力马扎罗合作联盟（Kilimanjaro Native Cooperative Union，KNCU）。坦桑尼亚咖啡以拍卖的形式由坦桑尼亚咖啡经营委员会（Tanzanian Coffee Marketing Board，TCMB）出售给私人出口商。20 世纪 80 年代时，坦桑尼亚的大部分咖啡销售从拍卖的形式转为直接出售给坦桑尼亚咖啡经营委员会，现在这种情况已有所改变。当地咖啡业正在改革，以便将来允许个人或团体购买咖啡，还会按不同的方式区分咖啡的等级，以便吸引来自德国、芬兰、比利时和日本的购买者。

3. 乌干达

赤道横穿乌干达，适宜的气候使它成为罗布斯塔咖啡豆的主要产区。目前，当地每年的产量大约是 300 万袋。为了提高咖啡质量和降低成本，1990 年 11 月，乌干达取消了咖啡经营委员会（Coffee Marketing Board，CMB）的独家经营权。原来由咖啡经营委员会负责的绝大部分工作现已交给合作组织管理，以借此增加收入。但事与愿违，此举反而导致咖啡出口下降了 20%，咖啡走私现象也越来越严重。在乌干达，阿拉比卡咖啡豆的产量只占全国咖啡总产量的 10%，但已足够引起重视。乌干达最好的咖啡主要出产于北部沿着肯尼亚边界的埃尔贡山区和布吉苏山区，以及西部的鲁文佐里山区，当地咖啡在每年的 1 月或 2 月便出口。

4．肯尼亚

肯尼亚咖啡大多生长在海拔 1 500 ~ 2 100 米的地方，一年收获两次，由小耕农种植，农民收获咖啡后，先把鲜咖啡豆送到合作的清洗站，由清洗站将洗过晒干的咖啡以“羊皮纸咖啡豆”（咖啡豆去皮前的最后状态）的状态送到合作社，所有的咖啡都收集在一起，种植者根据其实际的质量按平均价格要价。就国际范围而言，肯尼亚咖啡产量的增长是显而易见的，1969 — 1970 年，出口量为 80 万袋，到 1985 — 1986 年，出口量增长到了 200 万袋，现在产量稳定在 160 万袋，平均每公顷产量约为 650 千克。

5．安哥拉

安哥拉只出产少量的阿拉比卡咖啡，品质之高自不在话下，以其高酸度而闻名。可惜的是，该国政治动荡导致产量极不稳定。20 世纪 70 年代中期，安哥拉每年出口咖啡 350 万袋，其中 98% 是罗布斯塔咖啡（这可能是非洲最好的罗布斯塔咖啡），1990 年总产量却下降到了 20 万袋。安哥拉最好的咖啡品牌是安布里什（Ambriz）、安巴利姆（Amborm）及新里东杜（Novo Redondo），它们以始终如一的质量而闻名。

6．科特迪瓦

科特迪瓦是一个盛产可可和咖啡的农业国，种植面积占全国可耕地面积的 60%，从事与可可和咖啡经营活动有关的人口有 400 多万，占全国人口的 25%，年产值占国内生产总值的 10%，全国税收的 30% ~ 40% 来自可可和咖啡生产行业。可可和咖啡业的盛衰牵动着科特迪瓦经济的脉搏。目前，科特迪瓦是非洲第二大咖啡生产国。

7. 津巴布韦

津巴布韦除了烟叶，还有闻名于世的咖啡。20 世纪 60 年代，非洲南部的农场主们才开始建立咖啡种植园。津巴布韦的咖啡种植区主要分布在奇玛尼玛尼山脉东北部，该山脉位于津巴布韦与莫桑比克交界处附近，尤其以位于东部高原的奇平加最为著名。此外，皮纳科尔、帕皮尔、拉鲁士等也是屈指可数的大农场。

在当地鼎鼎有名的八大农场中，皮纳科尔农场挑选咖啡豆时简直挑剔到不能再挑剔的地步。至于帕皮尔农场，由于规模非常小，种植方式甚至可称为“家庭手工作坊”，这家农场拒绝任何瑕疵，以绝对严格著称，只有被认为十分完美的咖啡豆才能通过检验。

（四）亚洲

1. 印度

印度咖啡栽种的区域主要在印度南部的西高止山到阿拉伯海间的区域，种植上好咖啡豆的地方是卡纳塔克邦、西南部喀拉拉邦的特利切里和马拉尔，以及东南部泰米纳德邦的尼尔吉里斯。印度栽培的咖啡主要是阿拉比卡种，罗布斯塔种也占有一定比例，较知名的有以麦索及马拉巴等为名称销售的咖啡。季风马拉巴（Monsooned Malabar）是印度知名的代表性咖啡，颇具特色，这种咖啡的形成十分偶然，当年由马拉巴海岸出口到欧洲的咖啡豆因航行时长时间受到海风吹袭后使得外观和口感均有所改变，谁知竟变成欧洲人习惯且喜欢的口味。

2. 印度尼西亚

整个印度尼西亚岛都出产咖啡，爪哇在咖啡史上占有极其重要的地位。17 世纪中期，咖啡树由荷兰人引入印度尼西亚（某些官方资料认为比这更早一些）。1712 年，第一批来自爪哇的咖啡销至阿姆斯特丹。1877 年，当地所有种植园的咖啡树均被咖啡锈病毁坏，不得不从非洲引进罗布斯塔咖啡树替代原有树种，今天当地只有 6% ~ 10% 的咖啡豆是阿拉比卡咖啡豆。印度尼西是世界上罗布斯塔咖啡的主要生产国，每年生产 680 万袋咖啡，其中绝大部分出自小的种植园，约占总产量的 90%。整个群岛最好的种植区在爪哇岛、苏门答腊岛、苏拉威西岛和弗洛勒斯岛。

印度尼西亚群岛的第二大岛苏门答腊岛，是印度尼西亚的石油工业中心，岛上的橡胶和木材也是有名的出口商品，但是苏门答腊岛的咖啡更加受人瞩目。

3. 也门

公元 6 世纪前，也门一直被称为阿拉伯，因而当时从也门运至其他地方的咖啡树也被称为阿拉伯咖啡树，但事实上，这些树的原产地是埃塞俄比亚，是荷兰人把这些咖啡树散播到世界各地的。向东航行绕过好望角的荷兰商人，在长途跋涉到达印度以前，要先经过非洲东海岸行至也门的摩卡港。1696 年，荷兰人把咖啡树引入了锡兰（现在的斯里兰卡），然后又引入到了爪哇的巴塔维亚。

在也门，咖啡种植者会栽种杨树来给咖啡提供生长所需要的荫凉，如同过去一样，这些咖啡树种植在陡峭的梯田上，以便能够最大限度地利用较少的降雨和有限的土地资源。除了铁毕卡咖啡树和波旁咖啡树以外，还有十多种原产于埃塞俄比亚的不同咖啡树种在也门种植。

4. 越南

阿拉比卡咖啡最早由法国传教士带入越南，1865 － 1876 年，40 多万株咖啡树被引入越南，种植在北部湾附近，大都是爪哇或波旁品种，也许是受法国殖民统治时期的影响，越南种植的咖啡具有法国风味。

目前，越南的咖啡产量仍在不断增长。越南出口的新产品中，茶叶居第一位，咖啡居第二位，出产的咖啡品种主要是罗布斯塔咖啡豆，1982 年出口 6.6 万袋，1994 年猛增到 20 多万吨。当地 96% 的罗布斯塔咖啡来自小农场，但是一些国有农场也种植咖啡树。越南的咖啡每公顷产量高达 950 千克，许多新种植的咖啡树都是由日本人投资的。

5. 中国

我国的咖啡种植区有云南、海南和台湾。其中，云南咖啡最为知名且已远销国外。云南咖啡起源于 1892 年，由法国传教士田德能引入并在宾川县的山谷地区种植。

台湾咖啡的种植历史不长，英国人与日本人都曾经在台湾种植过咖啡树，到 1942 年时，全台湾的咖啡种植面积达到 1 000 多公顷；后来，太平洋战争爆发，农业以种植粮食为主，咖啡园大多转产；1953 年时，咖啡种植面积只剩下 4.9 公顷。之后，台湾咖啡因为许多政治经济因素难以继续推广，因而没落，直到近年来的咖啡热潮，才使部分人开始重新关注并投入咖啡事业。

（五）澳大利亚及太平洋边缘地区

1. 夏威夷

夏威夷的咖啡业不得不与其日益扩展的旅游业竞争市场空间。当地的多数咖啡树被种植在冒纳罗亚（Mauna Loa）火山山坡相对荒凉的地带。这些地带土质肥沃,含有火山灰。虽然开始种植时需投入大量的人力劳动，经营又很艰难，但令人欣慰的是，科纳的咖啡树（至少是那些生长在海拔 90 米以上的咖啡树）似乎不受任何病虫害的影响。

尽管夏威夷经常受到龙卷风的侵扰，但是其气候条件对咖啡种植业来说却是非常适宜的。当地有充足的降水和阳光，又无霜害之忧，除此之外，还有一种被称为“免费阴凉”的奇特自然现象。在多数日子里，大约下午两点左右，天空中便会出现朵朵白云，为咖啡树提供了必需的阴凉。事实上，正是如此优越的自然条件使得科纳（Kona）地区的阿拉比卡品种咖啡的产量比世界上其他任何种植园的产量都高，而且一直保持着高质量。比如，在拉丁美洲每公顷产量为 560 ~ 900 千克，而在科纳，每公顷可产出 2 240 千克。而令咖啡迷们感到不快的是，只有大约

1 400 公顷的地方出产科纳咖啡。最佳的科纳咖啡分为三等：特好（Extra Fancy）、好（Fancy）和一号（Number One），这三个等级的咖啡在庄园中或自然条件下都有出产。夏威夷产的科纳咖啡豆具有最完美的外表，果实异常饱满，而且色泽鲜亮。咖啡的口味浓郁芳香，并带有肉桂香料的味道，酸度均衡适宜。夏威夷的咖啡是美国 50 个州中所出产的唯一顶级品种，美国本土自然是其最大的市场。

2. 巴布亚新几内亚

在巴布亚新几内亚，大约 75% 的咖啡产品来自小型的地方农场。很多农场在森林地带开垦土地，有些农场在森林深处，几乎与世隔绝。该国的咖啡都种在海拔 1 300 ~ 1 800 米的高地，因此质量很好。虽然一些低地也种植有咖啡，但是相对来说，产量极少。当地种植的咖啡大都是靠自然条件生长的，这是因为把化肥和农药运到农场的运输工作问题多，且成本高。

在归属上，巴布亚新几内亚咖啡应属于印度尼西亚咖啡的一种。1975 年的霜冻毁坏了巴西的大多数咖啡作物，但却刺激了巴布亚新几内亚咖啡业的发展。当地政府实行了一项计划，资助农村或集体土地拥有者平均每户创建了约 0.2 平方千米的咖啡种植园。这一措施确实提高了咖啡种植在当地经济中的渗透力，到 1990 年时，咖啡年产量已达到 100 万袋。虽然在一些地方咖啡树生长旺盛，但因种植者缺乏坚持精神，收获的咖啡豆生熟不一、大小不一，AA 级的稀少，一般只能买到 A 级和 AB 级的。

第二节 咖啡的加工

由咖啡鲜果制成带壳咖啡豆的加工方法叫作咖啡初级加工，将带壳咖啡豆加工为咖啡豆（又叫咖啡米）的加工方法叫作精制加工，所得的咖啡豆经过分级、色选得到商品咖啡豆，再经过烘焙、粉碎、冲泡即变为可以饮用的咖啡液体。

一、咖啡的初级加工

把咖啡浆果变成生豆的加工方法有日晒加工法、水洗加工法和蜜处理法三种，水洗法始于18世纪中期。咖啡浆果的初级加工是形成商品豆的重要环节。

（一）采收

鲜果成熟的变化规律为：青果→黄色果→橘红色果→鲜红色果→紫红色果→紫黑色果→干果。

1．青果、黄色果

青果、黄色果都是不成熟果，脱皮难度大，籽粒不饱满，营养储藏不充分。晒干后，豆皮皱缩、品质差，带有青草味。脱皮时易受机械损伤而形成黄豆，因此青果、黄色果严禁采收，但是最后一批下树时可采摘。

2．橘红色果、鲜红色果、紫红色果

橘红色果、鲜红色果、紫红色果是成熟果实，籽粒饱满，营养物质储存充分，果肉软滑，用手轻轻挤捏就可将咖啡豆脱出果皮。脱皮时机械损伤少，脱皮较彻底、干净，加工质量好，因此是采收的对象。

3．紫黑色果、干果、病果

紫黑色果、干果是过熟果，是由于采收不及时或采收遗漏，长期挂在咖啡树上导致果皮失去水分后皱缩，发酵以致全干的成熟果实。病果是指果皮已经变为红色，但是由于在生长过程中受到病菌感染，在果皮上形成病斑的果实。

咖啡的采收有两种方式：一种是成片采摘，也就是把咖啡树上所有的咖啡浆果一次性摘完；另一种是有选择性地采摘，也就是以8 ～ 15天为间隔，每次只摘那些已经成熟的红色浆果，分多次把咖啡果实采收完。后者与前者相比，劳动量大、费用高，我国云南咖啡一般采用后者进行采摘。

咖啡的采收期以及采收方式因地而异，一般来说是一年 1 ～ 4 次，采收期多在旱季。例如，巴西咖啡的采收期约在 6 月左右，中美洲各地的采收期则是当年 9 月左右至来年 1 月，由低地往高地采收。我国云南省的咖啡采收期大多数是在当年 11 月至来年 3 月。

采摘方法分为人工采摘法、机械采摘法和摇落法。

1）人工采摘法

在咖啡采收季节，应做到随熟随采，要求不采摘未成熟的咖啡浆果；从里向外采摘，单果采摘；最后一次采摘时，将成熟和不成熟的咖啡浆果全部采摘完，分开盛装、分开加工；不成熟果和过熟果采用干法加工。

2）机械采摘法

机械采摘采用采收机器横跨在咖啡树上摇动树枝，熟透的咖啡浆果就会掉下来落入漏斗里。但是这种采摘方式只能在自然条件比较好的地方进行，而且只能在一排排地把咖啡树种得很直的地方使用，事后还要检查机器采摘的咖啡浆果，把混杂的叶子和树枝拣出去。在海拔比较高的地区就不能采用机械采摘，必须采用人工采摘法。

3）摇落法

摇落法是用木棍击打成熟的果实或者摇晃咖啡树枝，让果实掉落，汇集成堆。这种将果实摇落到地面上的方法比人工采摘法更容易混入杂质和瑕疵豆，有些产地的豆子还会沾上奇特的异味，或者因为地面潮湿而让豆子发酵。巴西与埃塞俄比亚等罗布斯塔种咖啡豆的生产国多以此种方式采收。

以摇落法采收的国家亦多采用自然干燥法加工咖啡豆。

（二）水洗加工

水洗加工分为发酵脱胶和机械脱胶，必须具备充分清洁的水源；有足够的晒场或干燥设备；加工厂与咖啡园之间的交通相对方便，鲜果能及时地送到加工厂。

水洗加工的工艺流程为：鲜果分级→清洗→分选→脱皮→脱胶→清洗→浮选→浸泡→干燥→带壳咖啡豆→称量装袋→贮藏运输。

1．鲜果分级

咖啡鲜果分一级果、二级果和三级果，各级的界定标准如下。

一级果：正常成熟的无疤痕全红鲜果；

二级果：正常成熟的、外果皮局部有疤痕的红果和过熟紫色果以及熟度稍差、果柄端稍绿的果；

三级果：除一、二级果以外的所有咖啡果（绿果、干果）。

2．清洗和分选

清洗和分选同步完成。将咖啡浆果放入收豆池中，清洗咖啡浆果表面附着的灰尘、泥沙等，为后续工序打下基础，从而保证咖啡豆的质量。清洗过程对混入咖啡浆果中的极少量干果和杂质起到分选作用，将小枝条、叶片与咖啡浆果分开，从而便于脱皮，减少机器的磨损。

3．脱皮

咖啡果实应于采摘当天进行脱皮，否则果实易由红色变成褐色，也易使咖啡豆在果皮内发酵，导致成品豆的品质下降。

脱皮常用脱皮机进行，脱皮后的咖啡豆如图 2-2 所示。

图 2-2　脱皮后的咖啡豆

4．脱胶

1）发酵脱胶

脱皮后在内果皮（俗称壳）上有果胶质和果肉，果胶质和果肉主要含有单糖、双糖和多糖，湿法加工的咖啡应将黏液完全去除，否则残留的黏液将给微生物生长提供有利媒介，致使咖啡出现异味，而且这种黏

液的吸湿性强，若不去除会影响咖啡豆的干燥速度。

自然发酵分为湿法发酵和干法发酵。湿法发酵主要在发酵池（见图 2-3）中进行，需加少量的水。要判断脱胶是否完全，可用清水洗少量已发酵的咖啡豆，若摸起来有粗糙感，有沙沙的声音，说明发酵已完全。干法发酵时不需要加水，因为在前面的清洗工序中，脱皮后的咖啡豆粒带有水分。发酵可在编织袋中进行，也可在发酵池中进行。在发酵池中发酵时，产生的热量会自己散发出去，发酵温度不会太高，发酵过程中需要翻拌，使上下层的温度基本一致；在编织袋中发酵时，由于每袋所装的数量一般在 50 ~ 60 千克，发酵温度不是很均匀，袋中心温度与袋表温度有差异，会导致发酵不均匀，所以要生产优质的咖啡豆，最好不要采用编织袋发酵。干法发酵时间稍短，但均匀度稍差，也容易发酵过度，导致酸味大，另外，豆的颜色也比湿法发酵差。

2）机械脱胶

机械脱胶即用脱皮脱胶组合机同步脱皮脱胶，从而获得带壳湿法咖啡豆，工艺流程为：鲜果分级→清洗分拣→脱皮脱胶→干燥→带壳咖啡豆。

5. 清洗

清洗的目的是除去所有残留在种壳表面的果肉和还未脱净的胶质、不溶物和细菌。咖啡豆发酵完成后，立即用大量干净的水注入发酵池内搅拌清洗几次，再将豆粒放入清洗分级槽（见图 2-4）内，加水，并用刮耙倒向翻动清洗。在清洗过程中，通过水流的重力作用将污水、皮、渣排除，洗净豆粒。清洗可在洗涤沟槽或洗涤机内进行。洗涤不干净或未洗的咖啡豆也会发酵，导致所有的咖啡豆变酸。

6. 浮选和浸泡

豆粒洗净后，用水将轻、重豆粒分开，然后将洗净的轻豆（二级豆）放入一个池子内，再将洗净的重豆（一级豆）放入另一个池子内，注意把空瘪的漂豆捞出分别晾晒。

图 2-3　发酵池

图 2-4　清洗分级槽

洗净的豆粒放入浸泡池内浸泡，清水要超过豆堆表面，当浸泡的水变浑浊时即可换水，以改善豆粒外观及杯测质量。

7. 干燥

干燥的目的是将咖啡豆的水分降低至 11% ~ 12%。具体的方法有自然干燥、人工干燥（又名机械干燥）或自然干燥与机械干燥结合。自然干燥有晒场干燥和晒架干燥，如图 2-5 和图 2-6 所示。

图 2-5　晒场干燥

图 2-6　晒架干燥

咖啡豆的干燥分为第一干燥阶段（又叫表皮干燥阶段）、第二干燥阶段（又叫白色干燥阶段）、第三干燥阶段（又叫软黑阶段）、第四干燥阶段（又叫中黑阶段）、第五干燥阶段（又叫硬黑阶段）和第六干燥阶段（又叫全干阶段）。过干是指咖啡豆的含水量在 10% 以下，豆呈黄绿色，生产咖啡豆时一般不能到过干阶段。

8．带壳咖啡豆

经过前期的加工后得到带壳咖啡豆，如图 2-7 所示是未经脱壳处理的咖啡干果，其豆粒的含水量为 11% ~ 12%，品质应达到小粒种带壳咖啡豆的技术要求。

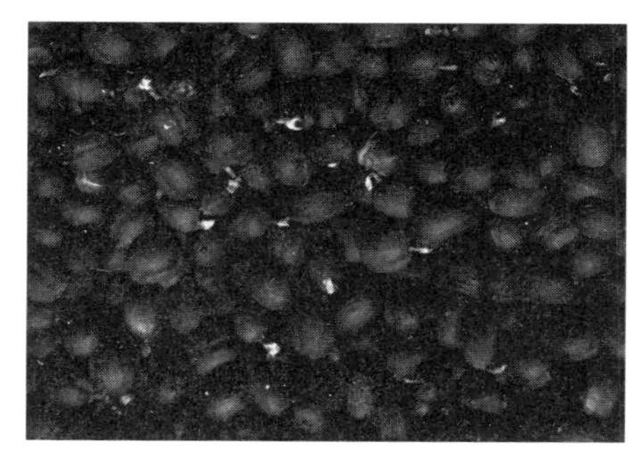

图 2-7　未经脱壳处理的咖啡干果

图 2-8　日晒咖啡豆

（三）日晒加工法

日晒加工法又称自然干燥法或非水洗法，日晒咖啡豆如图 2-8 所示。果实采收后，利用自然（日晒）干燥法或机器干燥法将其干燥、去壳，取出生豆。自然干燥法是将果实摊放在露天日晒场，以日光曝晒至干燥，为避免干燥不平均或者发酵，必须适时搅拌。日晒天数视果实的成熟度而定，成熟度高的仅需晒数日，未成熟的果实则需要晒 1 ~ 2 周。晒干顺利时，咖啡豆的含水量可达到 11% ~ 12%，一般出口的咖啡生豆含水量为 12% ~ 13%。

日晒加工法的操作过程简单，设备投资少，成本相对较低，但严格受制于天气情况，且需耗费数日，所以现在除巴西、埃塞俄比亚、也门、玻利维亚、巴拉圭等地仍采用日晒加工法外，几乎所有阿拉比卡种咖啡的生产国都已改用水洗加工法。

（四）蜜处理法（Honey/Miel Process）

蜜处理法始于哥斯达黎加，是当地的咖啡农夫们为了提高咖啡豆的品质而尝试的方法，随后慢慢传播到了其他国家。那么，哥斯达黎加的咖啡农夫们为何要尝试这种加工方法呢？因为当地咖啡农夫们的收入主要依靠咖啡豆的交易，品质越好的咖啡豆带来的利润越高，因此他们开始不断尝试新的加工方法。对于一个咖啡产地来说，提高咖啡豆品质的方法有三：其一，改善加工方法；其二，更换种植的树种；其三，改善农场的土质，就是迁徙农场。对于咖啡农夫们来说，改变树种和迁徙农场都是费时费力的，所以改善加工方法就成了他们的首选。

蜜处理法就是将外果皮剥去后，将带有内果皮的果实晾干的方法。在晒干的过程中，脱去外果皮的咖啡豆粒表面的水分会蒸发，中果皮会变得和蜂蜜一样黏稠。哥斯达黎加、巴拿马和危地马拉等地都有采用蜜处理法的咖啡园。

蜜处理是一项比较复杂、费时、难度较大的加工方法。首先要挑选优质的成熟果实，然后剥掉果皮留下内果皮。内果皮内含有丰富的碳水化合物及其他物质成分，在晒干的过程中，甜味和酸味会慢慢渗透到咖啡豆里。接着则是晒干，这也是生产高品质蜜咖啡豆最重要的步骤。晒干的时间非常重要，如果时间短了，甜味不佳；时间久了，咖啡会发出霉味，因此需格外用心。

晒制时，首先要把日晒场地打扫干净，将脱皮后的湿咖啡豆平摊于晒场上，然后间隔几小时翻动咖啡豆一次，以便于咖啡豆被均匀晒干；在之后的大概一周的时间内需要时不时地翻动咖啡豆。在蜜处理的过程中，受早晚温度与湿度差的影响，完成日晒需要很长的时间。

过去，哥斯达黎加、巴西和哥伦比亚等地的加工工厂通常采用高压水洗机，因此在去除果肉果皮的过程中也会去除一部分黏膜。根据黏膜残留的量（40% ~ 100%），可将蜜处理分为 40%、60%、80% 和 100% 这 4 个等级。当然，一些种植者也会故意去除部分黏膜，以保证咖啡豆不会因在干燥过程中发酵而变酸。

现在，种植者会根据咖啡的颜色为蜜处理后的咖啡生豆分级，一共分为 4 级：白蜜、黄蜜、红蜜和黑蜜。颜色的深浅变化源于咖啡在干燥过程中光照时间的长短，可根据日晒的时间与果胶的量不同对等级加以区分，且果胶与内果皮的量决定了日晒的时间。白蜜带有约 10% 的内果皮，黄蜜有约 25% 的内果皮，红蜜有约 50% 的内果皮，黑蜜有约 100% 的内果皮。从黄蜜到黑蜜，需要的干燥时间是递增的，对应的管理要求也会越来越苛刻。黄蜜处理咖啡生豆的光照时间最长，光照时间长意味着热度更高，因此这种咖啡在 1 周内便可干燥完成。一般情况下，咖啡的干燥时间视当地的气候、温度和湿度条件而定。红蜜处理咖啡生豆的干燥时间为 1 ~ 2 周，通常是由于天气原因或置于阴暗处所致。若天气晴朗，种植者为遮蔽部分阳光，应减少光照时间。黑蜜处理咖啡生豆放在阴暗处干燥的时间最长，光照时间也最短，这种咖啡的干燥时间为 2 ~ 3 周。黑蜜处理咖啡生豆的过程最为复杂，人工成本最高，因此价格最为昂贵。

二、咖啡的精制加工

带壳咖啡豆进一步进行脱壳、去银皮、重力筛选、粒度分选、色选而成为咖啡米或咖啡生豆的加工方法叫作精制加工。咖啡生豆精制加工工艺为咖啡生豆的进一步深加工（焙炒豆、咖啡粉、速溶咖啡粉等）提供了合乎要求的工业加工原料。通过咖啡精制加工得到的咖啡米可提高咖啡的附加值，增加咖啡种植业的产值，完善咖啡行业的产业链，推动咖啡产业的规模化发展与可持续发展。

（一）去石除杂

为保证产品的质量，保护后续加工设备不被损坏，有必要对带壳咖啡豆原料进行清选除杂处理，除去原料中夹带的杂草、枝叶、尘土等轻杂质，砂石、泥块、玻璃等重杂质，以及金属杂质等。该步骤用去石除杂机完成。

（二）脱壳

咖啡豆壳主要由木质素、纤维素和半纤维素组成，它严重阻碍了咖啡后续加工过程中有效组分的利用。脱壳由咖啡脱壳机完成，要求脱壳率高，咖啡米的破损率要低。

（三）分级

为提高咖啡米的商品价值，提高经济效益，需要按粒度、密度、色泽等对其进行筛选分级处理。采用咖啡米专用多级筛，根据咖啡米的粒径大小、密度进行筛选分级，分出不同级别的咖啡米。

1. 国际常用分级标准

国际通用的粒径分级是指圆形筛孔的直径，所用的数字是以筛网孔径为分子、以 64 为分母的分数，单位是英寸（1 英寸 =2.54 厘米）。例如：14 号是指可以通过 14/64 英寸孔径以上筛网的咖啡生豆，19 号是指可以通过 19/64 英寸孔径以上筛网的咖啡生豆，国际分级标准与筛孔直径对照表如表 2-4 所示。

表 2-4 国际分级标准与筛孔直径对照表

国际分级标准	10	11	12	13	14	15	16	17	18	19	20
筛孔直径 / 毫米	4.00	4.36	4.76	5.16	5.56	5.95	6.35	6.75	7.14	7.54	7.94

2. 国内常用分级标准

国内咖啡按筛孔 6.5 毫米、6.0 毫米、5.5 毫米、5.0 毫米分为五级。

一级：6.5 毫米以上，豆粒饱满、完整。

二级：6.0~6.4 毫米，饱满，较匀齐。

三级：5.5~5.9 毫米，较饱满，稍欠匀齐。

四级：5.0~5.4 毫米，有不完整米，完整占 79% 以上。

五级：5.0 毫米（不含）以下，有不完整米，完整占 30% 以上。

（四）色选

通过筛选分级得到的不同级别的咖啡米中，含有发育不良豆、虫害豆、病害豆、过熟豆、未熟豆以及机器加工造成的破损豆等，为保证产品的品质，需要对其按照成熟度、完整度及色度进行分选。只要捡除1%的臭豆，就可使咖啡米的品质提高1～2个等级。分选方式有人工拣选和机器分选，机器分选采用电子颜色分选机完成。

（五）咖啡米外观和感官特性

各等级咖啡米的外观和感官特性如表2-5所示。

表2-5　各等级咖啡米的外观和感官特性

项　目	要　求				
	特一级	特二级	一级	二级	三级
感官	芳香、风味和口感都很好	芳香、风味和口感都很好	杯测清纯，果酸和浓厚度都好（杯测一级）	杯测清纯，果酸和浓厚度都一般（杯测二级）	杯测不是很纯，果酸和浓厚度低（杯测三级）
外观	颜色应为浅蓝色或浅绿色，气味清新、无异味，银皮除净，并且无虫豆，未被发霉、腐烂的咖啡豆污染				

三、咖啡的烘焙

咖啡烘焙是指通过对生咖啡豆的加热，促使咖啡豆内部和外部发生一系列物理和化学反应，并在此过程中生成咖啡的酸、苦、甘等多种味道，形成醇度和色调，将生咖啡豆转化为深褐色咖啡豆的过程。

根据传热机理的不同，传热的基本方式有三种，即热传导、热对流和热辐射。

（一）烘焙的分类

不同深度的烘焙产生不同的酸苦味，烘焙程度越深，咖啡的香味越浓，苦味也逐渐增加。浅烘焙的咖啡豆呈浅茶色，很高的酸度和轻微的醇度是其主要的风味。中烘焙的咖啡豆呈真正的咖啡色，具有很好的醇度，同时还保留着大部分的酸度。深烘焙的咖啡豆，颜色已经接近黑色，焦味使得咖啡的香味更为浓郁。

咖啡烘焙分为以下 8 类。

1．极浅度烘焙

极浅度烘焙又名浅烘焙，是所有烘焙程度中最浅的烘焙度。咖啡豆的表面呈淡淡的肉桂色，口味和香味均不足，此状态下几乎不能饮用。一般用于检验，很少用来品尝。

2．浅度烘焙

浅度烘焙又名肉桂烘焙，烘焙度一般，外观上呈肉桂色，臭青味已除，香味尚可，酸味强，为美式咖啡最常采用的一种烘焙程度。

3．微中度烘焙

微中度烘焙又名微中烘焙。中度的烘焙火候和浅烘焙同属美式咖啡的烘焙程度，除了酸味外，苦味也出现了，口感尚可，香度、酸度、醇度适中，常用于混合咖啡的烘焙。

4．中度烘焙

中度烘焙又名浓度烘焙，属于中度微深烘焙，咖啡豆表面已出现少许浓茶色，苦味变强，味道酸中带苦，香气及风味皆佳，最常为日本、中欧人士所喜爱。

5．中深度烘焙

中深度烘焙又名城市烘焙，是最标准的烘焙度，苦味和酸味达到平衡状态，常被使用在法式咖啡制作过程中。

6．深度烘焙

深度烘焙又名深层次烘焙，较中深度烘焙度稍强，颜色变得相当深，苦味较酸味强，属于中南美式的烘焙法，极适用于调制各种冰咖啡。

7．极深度烘焙

极深度烘焙又名法式烘焙或欧式烘焙，属于深度烘焙，咖啡豆颜色呈浓茶色带黑，酸味已感觉不到，在欧洲尤其在法国最为流行，因脂肪已渗透至豆粒表面，故带有独特香味，很适合于制作欧蕾咖啡或维也纳咖啡。

8. 重深度烘焙

重深度烘焙又名意式烘焙。烘焙度在碳化之前，有焦糊味，主要流行于拉丁国家，适合快速咖啡及卡布奇诺，多数使用在 Espresso（意式浓缩咖啡）系列咖啡上。

四、咖啡烘培流程

咖啡的风味除了取决于咖啡的品种外，烘焙也是决定性因素。一般咖啡的烘焙是一种高温的焦化作用，它彻底改变生豆内部的物质，产生新的化合物并重新组合，形成香气与醇味。这种作用只会在高温的时候发生，如果使用低温，则无法形成分解作用，烘得再久也烘不熟咖啡豆。

许多人以为烘焙没什么困难的，只是用火将生豆煎熟而已。事实上，在咖啡的处理过程中，烘焙是最难的一个步骤，它是一种科学，也是一种艺术，所以，在欧美国家，有经验的烘焙师傅享有极受尊重的地位。

烘焙大致可分为以下三个阶段。

（一）烘干

在烘焙的初期，生豆开始吸热，内部的水分逐渐蒸发。这时，颜色渐渐由绿转为黄色或浅褐色，并且银膜开始脱落，可闻到淡淡的草香味道。这个阶段的主要作用是去除水分，时长约占烘焙时间的一半。水具有很好的导热性，有助于烘熟咖啡豆的内部物质，所以虽然目的在于去除水分，但烘焙师傅却会善用水的温度进行精准控制，使其不会蒸发得太快。通常，最好控制在 10 分钟时让水分到达沸点，转为蒸汽。这时，内部物质充分烘熟，水也开始蒸发，冲出咖啡豆的外部。

（二）高温分解

烘焙到达 160℃左右，豆内的水分会蒸发为气体，开始溢出咖啡豆的外部。这时，生豆的内部由吸热转为放热，第一次出现爆裂声，在爆裂声之后，又会转为吸热，这时，咖啡豆内部的压力极高，可达 2 533 千帕（kPa），即 25 个大气压力。高温与压力开始解构原有的组织，形成新的化合物，造就咖啡的口感与味道。到达 190℃左右时，吸热与放热的转换再度发生。当然，高温裂解作用仍在持续发生，咖啡豆由褐色转成深褐色，渐渐进入重烘焙的阶段。烘焙过程中咖啡豆的变化如表 2-6 所示。

表 2-6　烘焙度、过程对照表

烘　焙　度	烘焙过程说明	口感特征简述
极浅度烘焙（脱水阶段）	豆子脱水变黄后，一爆前停止	黄小麦色，香味淡薄
浅度烘焙	一爆开始即停止	肉桂色，酸味强烈
微中烘焙	一爆结束后停止	栗子色，香醇，酸味可口
中焙	二爆开始即停止	酸中带苦
中深焙	二爆密集时停止	苦味和酸味达到平衡
深焙	二爆结束时停止	苦味较酸味强
极深焙	二爆结束出油后停止	表面油光，苦香味浓郁
重深焙	豆子成炭黑色停止	炭黑色，以焦苦味为主

（三）冷却

咖啡在烘焙之后一定要立即冷却，迅速停止高温裂解作用，将风味锁住，否则豆内的高温会继续发生作用，烧掉芳香的物质。冷却的方法有两种：气冷式和水冷式。气冷式需要大量的冷空气，在 3 ~ 5 分钟之内迅速为咖啡豆降温。在专业烘焙的领域里，大型的烘焙机都附有一个托盘，托盘里有一个可旋转的推动臂。在烘焙完成时，豆子自动送入托盘，此时托盘底部的风扇会立刻启动，吹送冷风，并由推动臂翻搅咖啡豆进行冷却。水冷式速度虽慢，但干净而无污染，较能保留咖啡的香醇，为精选咖啡业者所采用。水冷式的做法是在咖啡豆的表面喷上一层水雾，让温度迅速下降。由于喷水量的多寡很重要，需要精密的计算与控制，而且会增加烘焙豆的重量，一般用于大型的商业烘焙。

第三节　咖啡豆的选购与保存

17 世纪早期，欧洲大陆上几乎所有对咖啡感兴趣的植物学家的橱柜里都摆放有咖啡豆。有时，很熟悉咖啡这种饮料的人，如批发商、外交官、旅行作家等，也会偷偷地带一小袋回到自己的国家。威尼斯商人最先把咖啡进口到了欧洲，从咖啡农场到人们的咖啡杯，咖啡不可避免地要进行交易。

一、生咖啡豆的选择

现今，咖啡的品种约有 100 多种，主要是由阿拉比卡咖啡和罗布斯塔咖啡这两大种源发展而来的，它们分别来自不同的国家和地区，有的并不是用地名来标志，而是用出口港名、山岳名来标志。目前各生产国对咖啡豆的品种判定都有各自独立的标准。咖啡的品质由品尝者根据自己的嗅觉、味觉与触觉来判断。

（一）以标签来判断

咖啡豆的种类、颜色和大小会因产地不同而有所差异，所以购买前一定要仔细阅读标签。

阿拉比卡种原种产豆量约占全世界咖啡产量的 2/3，一般栽培在高地，所以味道、香气都很好，既适合用来做纯咖啡，也适合用来做混合咖啡。而罗布斯塔种原种则栽种在低地且高温多湿的地方，单位面积收成量较多，价格自然也较低廉，但苦味较强，香气不佳，所以不适合用来做纯咖啡。

交易时，阿拉比卡咖啡和罗布斯塔咖啡这两大原种大致可以靠产地来选择，阿拉比卡种的产地主要是中南美诸国、肯尼亚、坦桑尼亚等；

罗布斯塔种的产地主要为马达加斯加岛、科特迪瓦等。值得一提的是，印度尼西亚、印度、喀麦隆等地同时生产阿拉比卡咖啡和罗布斯塔咖啡。

好的阿拉比卡原种豆，不但颗粒大小一致，且带有光泽，颜色也很均匀，生豆的香味也很独特。较例外的是摩卡咖啡豆，有时良质的摩卡豆也会有颗粒大小不一致，甚至混有异物、外观差的情形。一种被命名为“IBC”的巴西咖啡豆，有时颗粒大小也很一致，却常会混有泛黑的豆子，这使它的外观看起来不是很好。

罗布斯塔原种咖啡豆除了印度尼西亚产的WIB（West Indische Bereiding，因为西印尼群岛地区没有充分日照的条件，荷兰人在1740年左右引进“水洗法”，又称“WIB”，从爪哇出口的咖啡豆经常标示着“WIB”，就是水洗豆的意思）级咖啡豆外，多数外观看起来都不是很好看，而且颗粒大小也不一致，甚至混有黑豆。其中，东南亚产的罗布斯塔原种豆的品质相当差，所以在购买时，一定要特别注意。

另外，几乎所有的咖啡豆都具有这样一种特性——越往高地产，香气越佳，质地越硬；而越往低地产，香气越差，质地越软，味道上越有个性。通常，咖啡标签的品质类型与标高分类也可作为咖啡豆好坏的判断依据。

1．品质类型

将一定量的咖啡样品中所含的掺杂物（瑕疵豆）的种类与数量换算成“瑕疵数”，以其总和作为决定品质类型的基准。巴西、埃塞俄比亚、古巴、秘鲁等国均设有瑕疵数的基准，其数值越小越好。常看有人用类型2或类型3进行表述，这里所谓的类型是对该批咖啡豆内含有多少瑕疵豆的一种表示方式，指的既不是颗粒大小，也不是香气和颜色。

关于瑕疵豆的计算方法以及计算的对象豆，除了山多士法、纽约法、法国法等各国制定的基准外，还有奈塞尔法、GF法等由咖啡业者制定的基准，可以说是形形色色，但基本上，概念都是一样的。例如，山多士

法中的山多士 No.2，指的是 300 克的咖啡豆样本中，瑕疵豆数量在 4 个以下的类型。就类型而言，它属于最高级，但并不表示它的味道就一定好，只能说它的经济性较佳。掌握瑕疵豆的算法，可以说是成为咖啡品质鉴定师的第一步。

2．标高分类

依照栽培地的标高，咖啡豆可分三、四、七等各等级，如表 2-7 所示。各国采用的标准不同，如墨西哥、洪都拉斯等采用三个等级；危地马拉则采用七个等级。一般而言，高地咖啡豆较低地咖啡豆的品质佳，而且因运费的成本问题，价格也较高。

表 2-7　标高与名称

等　级	名　称	缩　写	标高（米）
1	严选良质豆	S.H.B	1 500 米以上
2	上等咖啡豆	H.B	1 200 ~ 1 500 米
3	中等咖啡豆	S.H	1 000 ~ 1 200 米
4	特级上等水洗咖啡豆	E.P.W	900 ~ 1 000 米
5	上等水洗咖啡豆	P.W	760 ~ 900 米
6	特优水洗咖啡豆	E.G.W	610 ~ 760 米
7	优质水洗咖啡豆	G.W	610 米以下

（二）以干燥状态的差异来判断

阿拉比卡原种咖啡豆可区分成水洗式和非水洗式两种，确切地说，罗布斯塔原种咖啡豆也可如此区分，只是罗布斯塔原种咖啡豆极少采用水洗式。在生豆状态下，中央裂缝的内果皮部分呈带茶色的黄色，则是采用非水洗式精制法处理的咖啡豆；而呈灰绿色的，则是采用水洗式精制法处理的咖啡豆。另外，烘焙后，如果茶褐色咖啡豆的中央线呈白色，而且银色种皮还有所残留，就代表其采用的是水洗式精制法；而如果中央线也和其他部分一样呈茶褐色，又几乎见不到白色的银色种皮残留的话，就代表其采用的是非水洗式精制法，一般是日晒法加工而成的（自然干燥式）。

如果是当年产豆的话，采用水洗式精制法的生豆的平均含水量为12% ~ 13%，而非水洗式精制法制成的则为11% ~ 12%。如果生豆内含14%以上的水分，会因过分浓绿而看起来泛黑，往往也会在很短的时间内变白，从而失去咖啡原来的风味，所以要特别注意。

虽然也可用机器来测定生豆的含水量，但一般来说，根据上述的颜色情况，便可大致做出判断。另外，用牙齿咬咬看也不失为一个好方法。干燥情况良好的生豆，常常难以咬裂，而像印度尼西亚产的曼特宁那种含水量近14%的生豆，则质地较为松软，一咬便裂开。

（三）根据贮藏时因脱色、变色造成的差异来判断

生豆在贮藏时也会发生变化，如果是新豆的话，会呈生动的深绿色。水洗豆往往会随着时间的消逝而脱色变白。隔年的生豆呈淡绿色，产得更早的生豆则呈黄色，而且会渐渐接近于黄白色。购买时，可依生豆的颜色来判断它是新豆还是旧豆。

一般来说，生豆的颜色分为9个阶段，但是这并不意味着新豆就一定比较美味，而旧豆的味道就一定差，只要脱色均匀就可以避免颜色的差异。有的绿色新豆反而缺乏安定性，味道无法均匀地冲出，而旧豆的味道和香气虽不及新豆，但由于它富有安定性，如用来和新豆混合，可消除新豆的强烈感，创造出圆润的好味道，所以有的时候人们会将新豆放置2 ~ 3年再拿出来用。但在这种情况下，需要特别注意贮藏环境的湿气、通风，以防滋生病虫。

对于有些较为特殊的咖啡豆，人们往往以精选前的状态将其在产地放个几年，让它产生独特的味道或者把生豆放在仓库内储存数年。在贮藏咖啡豆的过程中，因发酵而变黑、变黄、变黄褐色的咖啡豆都会严重影响到咖啡的味道，所以需特别细心。

（四）通过颗粒大小来判断

颗粒大小和味道的好坏并无太大关系，所以绝不能说颗粒大就好或

是颗粒小就不好，只能说就商品外观而论，大的要比小的有看头罢了。

如果咖啡豆都是从状态相同的树上采收而来的，味道方面应该以大小适中的中型豆为最佳。而就生产数量比来看，似乎也是中型豆的产量最多，所以如果从安定性的角度来看，购买时应以中型豆为佳。

所有植物的原理都相同，果实结得太大，味道就易变得不细致，所以在面对哪种咖啡豆较好的问题时，要综合外观、经济性、品质（味道）等各方面来做判断。但不管结论如何，就像先前提及的色调问题一样，颗粒选大选小都无所谓。重要的是颗粒一致与否和烘焙问题有关，所以购买咖啡豆的先决条件是颗粒大小要一致。咖啡豆的大小一般用过滤网号来表示，如表 2-8 所示。

表 2-8　过滤网号（目）对应咖啡豆大小

	过滤网号（目）	咖啡豆大小
平豆	20 ~ 29	特大
	18	大
	17	准大
	16	普通
	15	中
	14	小
	13 ~ 12	特小
圆豆	13 ~ 12	大
	11	准大
	10	普通
	9	中
	8	小

（五）用手检的方法判断

除了考虑产地及规格，用手直接触碰、观察其外观也是非常重要的。以外观判断生咖啡豆的品质必须要有一定的经验才能驾轻就熟。

首先，应该选择无斑点、淡绿而鲜艳的咖啡豆，也要考虑到收获后颜色的变化情况。另外还要求颗粒均匀、整齐，不应有变形豆。被虫蛀过的、未成熟的、发酵的豆子，贝壳豆、碎豆等，都可以从外观鉴别出来，用手选的方法将其挑出即可。

1．石块、木片、土、内果皮、外皮等异物

这些异物一看便知道不是咖啡豆里该有的东西，这可能是因为采收时处理得不够仔细，应马上找出来。但石块、木片、土等在以非水洗式精制法加工时较易与咖啡豆混淆，有些烘焙工作者鉴于这种情况，设计了所谓的生豆清洁机，但大部分烘焙工作者都是直接将生豆进行烘焙，以致发生了一些异物损害烘焙机、咖啡研磨机的情况，无形中提高了制造成本，甚至污染、破坏了咖啡的味道。

含内果皮的咖啡易形成不完全烘焙，在冲泡时会出现半生半熟的味道，况且外皮就算烘焙过，也会产生非常重的涩味，所以选购非水洗式咖啡豆时一定要特别注意这方面的问题。

2．黑豆

黑豆即前一年采收的咖啡豆，是因结果太早掉到地上腐烂的。在采收时混入黑豆，多少会使咖啡有些土味，因此可用手工、色选机将其去除。

3．发酵豆

发酵豆为即将变成黑豆的咖啡豆，有的是一部分变黑，有的则是因湿气过重而发酵了。整体来说，发酵豆呈暗淡的青黑色，在所有的瑕疵豆中，它对咖啡味道的影响最大。有的时候，甚至会造成烘焙色差，所以要特别注意。

4．虫蛀豆

害虫在咖啡果实长到 2 ～ 3 厘米时，侵入其中，使其形成空洞状态，变为虫蛀豆。这类瑕疵豆会影响咖啡的味道。

5．未成熟豆

未成熟豆即在尚未成熟时便被采收下来的咖啡豆，外观呈微黑色，有时则泛白，它没有一般的好豆所具有的光泽感和圆润度，甚至不具有任何个性。味道方面，它会因出现青草味，而影响到其他的豆子，破坏整体的味道。开花期较长或是气候变化较易导致这种所有果实未在一定期间内成熟的情形，尤其是常年采用非水洗式精制法的巴西，由于栽种面积较广，因此采收时较易混入这类咖啡豆，而在烘焙时造成色差。这种未成熟豆在生豆状态下，非常难以辨识，所以欧美国家多年来都是在烘焙后再利用选别机去除这种泛白的咖啡豆。

（六）通过生豆的气味来判断

优质咖啡豆会有一种独特的香味。新豆中的优质咖啡豆会散发出类似年轻人活动后的清爽气味，有种生气勃勃的朝气，而枯豆（保存了一段时间的豆子），不管是香气还是生豆气味都会差一些，但会形成一种较稳定的优雅香气。

在闻生豆状态的咖啡豆的气味时，要留意它可能会因装船时，与油、药品等其他混载，而染上它们的气味。这种状态的咖啡豆就算是在冲泡后，也会残留下那些沾染的味道。

（七）用杯品来判断

1. SCAA 概述

SCAA 是（Specialty Coffee Association of America）的简称，中文译名“美国精品咖啡协会”，是世界上最大的咖啡贸易协会，专注于优质咖啡的贸易组织。

SCAA 成立于 1982 年，会员公司三千多个，遍布世界四十多个国家，涵盖咖啡行业各个领域，包括咖啡种植商、咖啡烘焙商、咖啡设备制造商及各类咖啡贸易商。

1）SCAA 在咖啡行业的职能

SCAA 致力于为追求咖啡“从种子到杯子”的卓越品质，以及优质咖啡的可持续发展，提供一个共同的平台，建立咖啡的质量标准，规范对咖啡专业人员技艺的认证标准。其主要功能包括：在咖啡行业内设定和维护咖啡质量标准；对咖啡、咖啡设备和以完善咖啡手工艺为目的开展调查研究;同时协会还为其会员提供咖啡教育、培训、资源和商业服务;由 SCAA 确定的咖啡师评定标准和所颁发的咖啡师证书是世界上最权威的咖啡师认证之一。

协会每年都会举行各种咖啡展会、咖啡研讨会和咖啡师冠军赛，协会的年会于每年的春季在不同城市举行，是当今世界上最大的咖啡专业人士聚会。

SCAA 作为世界上最大和最权威的咖啡贸易协会，每年都会给为咖啡行业做出突出贡献的企业和个人颁发奖项，这些奖项包括:终身成就奖、特殊贡献奖、杰出作家 / 出版商奖、特别认证奖（个人）、可持续发展贡献奖、金杯子奖（咖啡馆、零售商）、摩斯 • 德拉克曼销售服务奖、烘焙师协会年度咖啡奖、由烘焙师协会最佳烘焙咖啡比赛决出的最佳烘焙咖啡奖，其中最后的两个奖项以比赛形式决出。

2）SCAA 认证

SCAA 下设两个分会，即美国咖啡师协会（Barista Guild of America）和烘焙师公会（Roasters Guild），均由专业咖啡从业人士组成，成员间通过信息交流、技能培训和合作提升行业咖啡品质。同时咖啡质量协会（CQI）是 SCAA 的公益信托机构，是咖啡行业最大的咖啡培训和技术帮助提供机构。

SCAA 的认证具有极高权威性。通过 SCAA 权威认证的咖啡品鉴评委（Certified SCAA Cupping Judges）只有三个，均来自美国；由 SCAA 颁发执照的咖啡质量品鉴分级咖啡师（Licensed Q Graders）来自 18 个国家，SCAA 还为全世界咖啡从业者和咖啡企业提供各类认证，包括美国咖啡师公会认证课程（Barista Guild of America Certification）、咖啡机鉴定认证（Coffee Brewer Certification）和咖啡品鉴评委实验室认证（Cupping Judges Lab Certification）。

2．咖啡杯品要求

咖啡也属于食品，但在杯品时有特殊的要求，归纳起来如表 2-9 所示。

表 2-9　咖啡杯品的仪器、杯品必备和环境要求

烘 焙 必 备	环 境 要 求	杯 品 必 备
杯品专用烘焙机	良好的光照	均衡（规格）
烘焙测定仪或其他颜色测定仪器 磨豆机	清洁，无干扰性气味 杯品桌 安静 舒适的温度 限制干扰（禁止电话等）	杯品杯子（带盖） 杯品长匙 热水壶 表格和其他文本材料 铅笔和剪贴板

1）咖啡杯品室主要仪器

咖啡杯品所需要的主要仪器包括咖啡生豆水分测定仪、粒径分级筛、实验室咖啡烘焙机、咖啡豆色谱仪或比色卡、实验室专用研磨机、计量仪等。

（1）咖啡生豆水分测定仪。能够准确快速地测定咖啡生豆的水分含量，误差 ±0.1%。

（2）粒径分级筛。咖啡豆的大小，采用圆孔分级筛进行分级，用 12 ~ 18 号平面圆孔式筛网分级筛 7 个和 1 个接豆盘，制成圆筛或方筛。

（3）实验室咖啡烘焙机。烘焙机每次烘焙量 100 ~ 300 克，半热风式或直火式滚筒烘焙机较适宜，可以根据咖啡样品数量依次选择一组或者多组烘焙机。

（4）咖啡豆色谱仪或比色卡。测定烘焙咖啡豆和咖啡粉的烘焙深度，用于品质控制和烘焙操作的质量分析。

（5）实验室专用研磨机。能调节粗细度的电动研磨机，研磨粒度从细到中粗，研磨颗粒均匀，发热量低。

（6）计量仪。电子称量仪器，误差 0.01 克，最大称量重不小于 1 千克。

2）咖啡杯品室的主要器具

（1）生豆取样器。用于对一批咖啡豆进行抽样。

（2）咖啡豆缺陷分拣盘。选用无味的黑色或白色的长方形盘，木质或塑料均可。尺寸为长 × 宽 × 高 =40 厘米 ×30 厘米 ×3 厘米，同时在长边设置缺陷物分装格，即：长 × 宽 =40 厘米 ×4 厘米（平均分成三格）；分别装异物、异色豆和碎豆。

（3）样品台、杯品桌、咖啡样品柜架等设施。样品台设置于光线明亮、柔和的区域，放置咖啡豆样检验咖啡生豆形态、色泽及缺陷。样品台的高度一般为 80~100 厘米，宽 50~60 厘米，长度视杯品室及具体需要而定；杯品桌可用圆桌或方桌，颜色为素色。

3．咖啡豆烘焙

用于杯测的咖啡豆烘焙程度为浅度烘焙（又名肉桂烘焙）。生咖啡豆一般含有 10% ～ 12% 左右的水分，当烘焙开始的时候，这些水分将会从咖啡豆中迁移到外面，烘焙在 180 ～ 260℃的热气中翻动咖啡豆。在烘焙初始，保持 100 ～ 140℃的恒温。使咖啡豆失去游离水分。当豆粒的游离水分全部蒸发后，豆粒温度略微上升，这时，豆粒中仅发生少量化学变化，咖啡风味尚未形成。

随着烘焙的进行，咖啡豆粒的温度升高，咖啡豆内部的气体与水分会因为要逸散出来而给细胞壁压力，当压力累积到 20 ～ 25 个大气压时便会把细胞壁冲破，这时候就会听到爆裂声，当咖啡豆的颜色为肉桂色即可。烘焙好的咖啡豆要立即在 2 ～ 4 分钟内冷却到室温。

4．杯品步骤

1）磨粉、注水、浸泡

咖啡豆烘焙好后在 8 ～ 24 小时内进行杯测，把咖啡豆研磨到中粗，将研磨好的 8.25 克咖啡粉放入杯子中，摇动杯中的咖啡粉，闻咖啡的干香气；然后注入 150 毫升 94℃的热水，让咖啡浸泡 3 ～ 4 分钟，直至形成咖啡渣壳。

2）闻湿香

注水后闻湿香，即冲咖啡时的气味强度，一些微妙、细腻的差别，比如“花香”或“酒香”的特性，就来自于冲泡咖啡的湿香气。

3）破渣

用勺子在杯子表面搅拌三下，撇去浮沫和渣。

4）品尝

用杯测勺取6～8毫升咖啡液体吮吸入口，使咖啡液在口中呈雾状散开，在口中感受后吐出咖啡液，依序评价咖啡稍热时、稍冷时、冷却后的味道。在杯测表上记录自己的感受，按杯测表的要求打分，漱口、涮洗杯测勺后，再品尝下一款咖啡。

5）品质等级划分

SCAA咖啡杯测表从6分开始标注，一共分为四个等级:6分为“好”，7分为“非常好”，8分为“优秀”，9分为“超凡”；另外，每个等级又分为四个等级，给分单位为0.25分，所以，四个等级共16个给分点。总分在80分以上时为精品咖啡。

二、生咖啡豆的保存

生豆在保存时，严禁阳光直射，温度以12～18℃为宜，尤其是在夏季，要注意保持温度，不要超过25℃，相对湿度则不宜超过50%。

咖啡豆不能成筐地堆放在固定位置，要经常换地方，所以放置在简便可移动的坚固栅栏、托架上较为适当。如果将咖啡豆筐放置在新砌的混凝土地板上，咖啡豆就会沾上湿气，导致变色甚至发霉，所以最好铺上踏板等隔绝湿气。

要想长久保存咖啡豆的味道，还得注意防止害虫滋生。通风装置除了能让生豆接触户外空气外，还有助于保持固定室温并除湿。梅雨季节要特别注意，别让生豆发霉或发酵。

三、熟咖啡豆的选购和保存

（一）熟咖啡豆的选购

熟咖啡豆的新鲜度是其最大特征。判定熟咖啡豆的新鲜度有三个步骤，即闻、看、剥。

1. 闻

将咖啡豆靠近鼻子，深深地闻一下，看看是不是可以清楚地闻到咖啡豆的香气。如果可以，代表咖啡豆是新鲜的。若是香气微弱或是已经开始出现油腻味（类似坚果放久后出现的味道），就表示咖啡豆已经完全不新鲜了，这样的咖啡豆，无论你花多少心思去研磨、泡煮，也不可能煮出一杯好咖啡来。

2. 看

将咖啡豆倒在手上摊开来看，确定咖啡豆的产地和品种，以及烘焙是否均匀。

3. 剥

拿一颗咖啡豆，试着用手剥开看看，如果咖啡豆够新鲜的话，应该可以轻易地剥开，而且会有脆脆的声音和感觉。若是咖啡豆不新鲜的话，就必须费很大力才能剥开一颗豆子。

把咖啡豆剥开还可以看出烘焙时的火力是不是均匀。如果均匀，豆子的外皮和里层的颜色应该是一样的。如果表层的颜色明显比里层的颜色深很多，就表示烘焙时的火力可能太大了，这对咖啡豆的香气和风味都会有影响。

（二）熟咖啡豆的储存

1. 影响熟咖啡豆储存的因素

水是储存咖啡的大敌。咖啡油是水溶性的，它能使咖啡更具风味，而潮湿的环境会腐坏咖啡油。

影响咖啡豆储存的另一个因素是氧气，氧气可以氧化易挥发的气味。当咖啡豆被研磨后，暴露在空气中的表面积增大，这意味着咖啡油开始蒸发，味道也将逐渐消失在空气中。

2．熟咖啡豆的储存方法

不要把咖啡豆放置在其他具有强烈气味的物品（如茶）附近，因为咖啡会很快地吸收其他气味，所以一定要把咖啡放在干净的密封容器中。咖啡豆一旦被烘焙过，就会慢慢失去香味，因此一次购买少量即可，或购买少量已经研磨好的咖啡粉。若邮购咖啡豆专卖店的咖啡，最好买未研磨的豆子。新鲜的咖啡对储存环境是极其挑剔的，近年来，专家们大力推荐采用铝箔的包装材质，同时搭配单向排气阀，此法为国内外咖啡生产厂家所称许及认同，它一方面阻隔了氧气的侵入，另一方面能够排出二氧化碳，大大延长了新鲜咖啡的保存时间。

咖啡应该储存在干燥、阴凉的地方，一定不要放在冰箱里，以免咖啡豆吸收湿气。锡罐可使咖啡的香味保留较长时间，塑胶袋也可以，但存放的量比锡罐要少。速溶咖啡袋是铝箔材质，能最大限度地保留咖啡原有的香味。

复习思考题

1．咖啡属于什么科咖啡属的常绿灌木？

2．具有商品价值的咖啡豆有哪些？

3．简述阿拉比卡种咖啡和罗布斯塔种咖啡的特征。

4．咖啡栽培对气候、土质有什么要求？

5．咖啡树有什么生物特征？

6．简述咖啡的病虫害及其防治。

7．咖啡水洗法初级加工包括了哪些工序？

8. 简述日晒加工法和蜜处理法。

9. 南美洲、中美洲有哪些国家生产咖啡?

10. 非洲、亚洲有哪些国家生产咖啡?

11. 咖啡豆的烘焙分为哪些种类?各有什么特点?

12. 简述咖啡豆的烘焙流程。

13. 生咖啡豆和熟咖啡豆要如何选购和保存?

第三章 喝咖啡的艺术

学习目标：

1. 掌握喝咖啡的礼仪、品饮基础知识、碾磨粒度和咖啡风味的萃取。

2. 理解咖啡服务礼仪，咖啡碾磨机的选择，法式压滤咖啡壶冲煮咖啡的方法。

3. 熟悉虹吸壶、滤纸滴漏器、越南滴漏咖啡壶冲煮咖啡的方法。

4. 理解水质、水温和接触时间对咖啡的影响。

5. 了解卡布奇诺咖啡、爱尔兰咖啡、拿铁咖啡、欧蕾咖啡和摩卡咖啡，比利时皇家咖啡壶、摩卡咖啡壶、土耳其咖啡壶、半自动咖啡机冲煮咖啡的方法。

第一节　咖 啡 礼 仪

礼仪是人们在社会交往活动中，为了相互尊重，在仪容、仪表、仪态、仪式、言谈举止等方面约定俗成的、共同认可的行为规范，是对礼节、礼貌、仪态和仪式的统称。我国自古就是礼仪之邦，礼仪能体现出一个人的教养和品位，对规范人们的社会行为、协调人际关系、促进人类社会发展具有积极的作用。

一、咖啡杯

咖啡文化中，除了烹调制作的技巧及选豆等注意事项外，咖啡杯也扮演着极其重要的角色。各种不同造型，不同色彩、花样的咖啡杯也可增添喝咖啡的情趣。喝咖啡一定要选择杯身内部为白色的杯子。

（一）咖啡杯的大小

传统咖啡杯可分为三种：①容量在 100 毫升以下的小咖啡杯，盛装咖啡量在 50 ~ 70 毫升；②容量在 200 毫升以下的一般咖啡杯，盛装咖

啡量在 150 ~ 180 毫升；③没有底盘的马克杯和法国牛奶咖啡杯，容量约 300 毫升。当然，为了冲制一些漂亮的花式咖啡，有时也会用到各种玻璃制高脚杯、啤酒杯等，不过它们不算在纯种咖啡杯内。

（二）咖啡杯的材质

咖啡杯的材质有很多种，市面上常见的有瓷器、陶器、不锈钢和骨瓷等。瓷器和陶器都是上釉烧制而成的，陶器质地较为粗糙、略具吸水性，若釉彩掉落，掉落部分就容易被咖啡渍浸染、洗不掉；瓷器质地较细，不具有吸水性，而价格也高很多；骨瓷杯的保温性很好，可使咖啡在杯中的降温速度变慢，但价格极高；双层的不锈钢杯保温性超高，耐用，不会被磨损，价格较骨瓷杯稍低，但缺乏美观性。基本上，咖啡杯的材质只要不含有酸性物质，就绝对不会和咖啡产生化学反应，活性金属，如铝，绝对不能用于制作咖啡杯。咖啡杯的杯身要厚实，杯口不外扩，这种咖啡杯能使咖啡的热气凝聚，不会迅速降温，不致影响咖啡的口感和味道。

二、喝咖啡的礼仪

喝咖啡就和喝水一样，它应该是最自然的一件事，但是要想把咖啡喝得顺畅喝出艺术，喝得愉快而不失礼，有些细节就需要稍加注意一下。

喝咖啡时，热咖啡要趁热喝，冰咖啡趁冰的时候喝。因为刚做好的热咖啡最香醇馥郁，若是咖啡放凉了，则原本的独特风味就会降低。所谓趁热喝，并不是说咖啡一送到面前，就狼吞虎咽一口干杯，这样不但不好看，也体会不到品饮咖啡的乐趣。要从容不迫，一次一口地饮用咖啡，这才是最理想的咖啡品尝方式。

（一）温杯

在盛装咖啡前，杯子应先温热，以免冷杯子吸热使咖啡的温度迅速下降，致使影响咖啡的口感。使用过的咖啡杯子，要清洗干净妥善放置，如置于 Espresso 咖啡机上或者吊挂起来。咖啡杯子千万不要沾染上橱柜甚至是樟脑丸的味道，这样会破坏一整杯咖啡的香醇口感。

（二）加糖加奶

喝热咖啡时，加糖加奶全凭个人喜好，在添加时，如果两种都加，最好是先加糖后加奶。因为温度越高的咖啡越容易使糖迅速溶化，如果先加奶而且不是已加热的鲜奶，会把咖啡温度降低许多，再放糖，糖的溶解速度就会变慢。如果要加糖，最好在咖啡一到手时就加，即使不是立即喝，也要先加糖把味调好，使糖趁热溶解。

加糖可以调和咖啡的苦味，使咖啡更易于入口，甚至创造出完全不同的口味。一般常被用来添加在咖啡里的甜味制品有白砂糖、红糖（又称黑砂糖，由甘蔗榨汁浓缩制得）、黄糖（红糖再制作，呈黄色颗粒状）、方糖（有白色和褐色两种，分别由白砂糖、黑砂糖制成，欧美国家常制作成黑桃、梅花、红心、方块等图案）、糖粉（将白砂糖粉碎成粉末）、冰糖（有白色和褐色两种，分别由白砂糖、黑砂糖再结晶制成）、蜂蜜和果糖等。

给咖啡加糖时，可用咖啡匙舀取砂糖直接加入杯内，但是糖罐内的糖匙供大家舀糖之用，因此不可把糖匙浸入自己的咖啡里，只要轻轻将糖倒入自己的杯中即可。每个人的咖啡杯旁一定会附咖啡匙，可以用咖啡匙轻轻搅拌一会儿，搅拌好后将咖啡匙放回原处摆在碟内，就可品饮咖啡了。搅拌的时候，动作要轻，喝咖啡时不要把咖啡匙一直留在杯中，不但不雅观，也不方便。另外，也可先用糖夹子把方糖夹在咖啡碟近身的一侧，再用咖啡匙把方糖加在杯子里。如果直接用糖夹子或手把方糖放入杯中，有时可能会使咖啡溅出，从而弄脏衣服或台布。

（三）咖啡杯、匙的用法

咖啡杯的正确拿法应是拇指和食指捏住杯把儿再将杯子端起。有些杯子的杯耳较小，手指无法穿过，但即使用较大的杯子，也不要用手指穿过杯耳再端杯子。

咖啡匙是专门用来搅拌咖啡的，饮用咖啡时应当把它取出来，不要用咖啡匙舀着咖啡一匙一匙地慢慢喝，也不要用咖啡匙来捣碎杯中的方糖。

（四）咖啡的冷却

刚刚煮好的咖啡太热，可以用咖啡匙在杯中轻轻搅拌使之冷却，或者等待其自然冷却，然后再饮用。用嘴去把咖啡吹凉是很不文雅的动作。

（五）喝咖啡时的约定俗成

盛放咖啡的杯碟都是特制的，咖啡杯放于配套的咖啡碟上，咖啡杯有一个杯耳，有品位的人在喝咖啡时十分讲究杯耳摆放的角度与咖啡匙放置的方位。一般来说，咖啡杯碟应当放在饮用者的正前方或者右侧，杯耳应指向右方，咖啡匙置于杯耳下。如果喝咖啡的人正在写字，或者右手在用手机，咖啡杯耳可放于左手边。虽然这些并不重要，对品饮咖啡没有任何影响，但是却能体现出喝咖啡的人的品位。另外，每个人喝咖啡的习惯不同，有的人是左撇子，喝咖啡时一定会用左手持杯，与一般用右手的人不同。

在喝咖啡前先喝口温水润润口腔，然后用右手拿着咖啡的杯耳，左手轻轻托着咖啡碟，闻闻咖啡的香气，感觉到咖啡令人愉悦的香气后，轻啜一小口咖啡，慢慢地感觉咖啡的滋味和香气，喝点水，再喝咖啡，感受咖啡在三个温度段（热、中温、冷）的香醇变化。不宜满把握杯、大口吞咽，也不宜俯首凑到咖啡杯前去喝。喝咖啡时，不要发出声响。添加咖啡时，不要把咖啡杯从咖啡碟中拿起来。

此外，还有一些不成文的咖啡传统礼仪，也是很重要的，如不可一直端着杯子说个不停或者端着咖啡满屋跑；在没征得别人允许之前，不可替别人的咖啡加糖或奶精，在未征得女主人同意之前，不可为自己或别人斟咖啡，因为这是女主人的义务与权利。

到别人家中做客饮咖啡时，有时也会遇上一些特殊情况。例如，坐在远离桌子的沙发中，不便使用双手端着咖啡饮用时，可用左手将咖啡碟置于齐胸的位置，用右手端着咖啡杯饮用。饮毕，应立即将咖啡杯置于咖啡碟中，不要让二者分家。 添加咖啡时，不要把咖啡杯从咖啡碟中拿起来。

喝卡布奇诺咖啡时，最好用汤匙将奶泡与咖啡混合，先尝奶泡，再尝咖啡，这样才不致喝完卡布奇诺咖啡后，变成“大白胡子”。如果首次应家庭式的咖啡之邀，最少带上一束花去，一切的谢意都在花中，不需要另外表明了。

咖啡的味道有浓淡之分，所以，喝咖啡不能像喝茶或喝可乐一样，连续喝 3 ~ 4 杯。喝咖啡时，120 ~ 180 毫升的咖啡杯最好，80 ~ 100 毫升为适量。若想连续喝 3 ~ 4 杯，就要将咖啡的浓度冲淡或加入牛奶，不过仍然要考虑到生理方面的承受度，而在糖分的调配上也不妨多些变化，使咖啡更具美味。趁热喝是品尝美味咖啡的必要条件，即使是在夏季，也是一样的。

澳大利亚人喝咖啡的传统与其他国家的人都不同，他们会将一个银盘整套端上，除了一杯咖啡外，还会有一杯水，甚或一片巧克力。那杯水的目的是让人爽口以充分品味咖啡用的；喝苦涩咖啡的中途或完毕时，用巧克力来平衡味觉并充分品尝。澳大利亚式的喝咖啡不只是一种品位，简直已成为一种艺术了。

（六）喝咖啡与用点心

人们喝咖啡时常会吃一些点心，但不要一手端着咖啡杯，一手拿着点心，吃一口喝一口地交替进行。喝咖啡时应当放下点心，吃点心时则应放下咖啡杯。

三、咖啡服务礼仪

（一）仪容、仪表、仪态基本常识

仪表是指人的外表，包括服装、形体容貌、修饰（化妆、装饰品）、发型、卫生习惯等内容。仪表与个人的生活情调、文化素质、修养程度、道德品质等内在修养有着密切的联系。

1．仪容、仪表

服饰能对人的仪表起到修饰作用，能反映人们的地位、文化水平、文化品位、审美意识、修养程度和生活态度等。服饰通过形式美的法则来实现，主要通过色彩、形状、款式、线条、图案的修饰以达到改变或影响人的仪表的目的，使人体趋向完美。实现服装美的法则，讲究对称、对比、参差、和谐、节奏、比例、多样、统一、平衡等。服饰要与周围的环境，着装人的身份、气质、身材相协调。

咖啡服务服饰应以大方、简洁的特色服装为基础。对于我国来说，咖啡是舶来品，属于西方文化，它与东方文化有一定的区别，服务服饰既要符合简洁大方的特点，又要有我国的民族特点，要体现出一种风雅的文化内涵，因而运动衣、T恤衫、夹克衫、休闲服等比较休闲、随意的服饰最好不用。鞋袜与服饰要配合协调，厚重的袜子应配低跟鞋，以符合咖啡服务端庄、典雅与稳重的感觉。

每个人的容貌不是自己可以选择的，天生丽质要靠父母的遗传之福。有的人虽相貌平平，但因为具有较高的文化修养和得体的行为举止，能以神、情、技动人，因而显得非常自信，有一种灵动之美。咖啡服务更看重的是气质，所以服务者应适当修饰仪表，如女性服务者可以化淡妆，表示对客人的尊重，以恬静素雅为基调，切忌浓妆艳抹。

咖啡文化追求纯粹美，这里侧重于装饰品与化妆。在咖啡服务活动中选用某些相宜的饰品可以美化佩戴者的仪表。饰品的选用往往可以反映出一个人的审美观、文化品位和修养程度等，因此饰品应根据佩戴者的年龄、性格、性别、相貌、肤色、发型、服装、体形及环境等的不同进行合理选用，要与咖啡服务的类型所体现的风格相符合。

在参加咖啡服务活动时，适当化妆有助于改善仪表，特别是在进行表演型咖啡服务活动时，人们的注意力会集中在表演者身上，合适的妆容是形成表演美的手段。化妆的目的是突出容貌的优点，掩饰容貌的缺陷。但是咖啡服务要求妆容得体，宜化淡妆，使五官比例匀称协调。化妆一般以自然为原则，追求恰到好处的效果。需要特别注意的是，咖啡服务者的手上不能留有化妆品的气味，以免影响咖啡的香气。

2．仪态

仪态是指人在行动中的姿势与风度。姿势包括站立、行走、就座、手势和面部表情等，风度是人内在气质的外部表现。

咖啡服务中的仪态美是以优美的形体姿态来体现的，而优美的形体姿态又是以正确的站姿为基础的。站立是人们在日常生活、交往、工作中最基本的举止，正确优美的站姿会给人以精力充沛、气质高雅、庄重大方、礼貌亲切的印象。咖啡服务中的站姿要求身体重心自然垂直，从头至脚有一条直线的感觉，取重心于两脚之间，不向左、右偏移。头似顶球，腋似夹球，呼吸要自然。

就座是咖啡服务中常会用到的举止，在咖啡服务中，坐姿一般分为四种：开膝坐、盘腿坐（男士）、并式坐和跪坐。正确的坐姿会给人以端庄、优美的印象。坐姿的基本要求是端庄稳重、娴雅自如，注意四肢的协调配合，即头、胸、髋三轴要与四肢的开、合、曲、直对比得当，如此便会形成优美的坐姿。姿态优美需要身体、四肢的自然协调配合。咖啡服务对坐姿形态上的处理以对称美为宜，它具有稳定、端庄的美学特性。

咖啡服务者应保持恬淡、宁静、端庄的表情。眼睛、眉毛、嘴巴和面部表情的变化能体现出人的内心，对人的语言起着解释、澄清、纠正

和强化的作用。咖啡服务中，要求表情自然、典雅、庄重，眼睑与眉毛要保持自然的舒展状态。眼神是脸部表情的核心，能表达最细微的情感，尤其在表演型咖啡服务中，更要求表演者眼光内敛，眼观鼻，鼻观心，或目视虚空、目光笼罩全场。切忌表情紧张、左顾右盼、眼神不定。

（二）动态活动过程中的形态美

咖啡服务分为风雅型咖啡服务和表演型咖啡服务，两者都特别重视人体动态的美感。优美的动作在于身体平衡，优雅的坐、行、动是良好行为举止的具体体现。咖啡服务活动中的动态美包括十分丰富的内容，稳健优美的走姿可以使人显得气度不凡，产生一种动态美。标准的走姿以站立姿态为基础，以大关节带动小关节，排除多余的肌肉紧张，以轻柔、大方和优雅为目的，要求自然，不能左右摇晃，腰部不能扭动。

咖啡服务活动中的走姿还需与穿着相协调，根据服装的不同，搭配不同的走姿。男士穿西装时，要注意保持挺拔，保持后背舒展，尽量凸出直线;女士穿旗袍时要求身体挺拔，胸微挺，下颌微收，不要塌腰撅臀。走路步幅不宜过大，脚尖略外开，两手臂摆动幅度不宜太大，尽量体现柔和、含蓄、典雅的风格；穿长裙时，行走要平稳，步幅可稍大些，转动时要注意头和身体的协调配合，尽量不使头快速转动，要注意保持整体的造型美，显出飘逸潇洒的风姿。行走时，身体要平稳，两肩不要左右摇摆晃动或不动，不可弯腰驼背，不可脚尖呈内八字或外八字，脚步要利落，有鲜明的节奏感，不要拖泥带水。

入座讲究动作的轻、缓、紧，即入座时要轻稳，走到座位前自然转身后退，轻稳地坐下。落座声音要轻，动作要协调柔和，腰部、腿部肌肉需有紧张感。女士穿裙装落座时,应将裙向前收拢一下再坐下。起立时，右脚朝后收半步，而后站起。

咖啡服务活动中的手法要求规范适度。例如，在放下器物时，要给人一种优雅、含蓄、彬彬有礼的感觉。在操作时，动作要流畅优美。

（三）咖啡服务的礼仪要求

作为咖啡师，应该具有较高的文化修养和得体的行为举止，要熟悉和掌握咖啡文化知识以及咖啡冲泡技能，做到以神、情、技动人。也就是说，在外形、举止乃至气质上，对咖啡师都有较高的要求。

1. 仪容仪态要求

咖啡的本性是恬淡平和的，因此，咖啡师的着装应以整洁大方为好，不宜太鲜艳，女性切忌浓妆艳抹，大胆暴露；男性也应避免外形乖张怪诞，如留长发、穿“乞丐装”等。总之，无论是男性还是女性，从事咖啡服务时都应仪表整洁、举止端庄，要与环境、咖啡相匹配，言谈要得体、彬彬有礼，体现出内在的文化素养。

原则上，咖啡师的发型要适合自己的脸型和气质，给人一种舒适、整洁、大方的感觉，不管长短都要以不影响冲泡咖啡为要求进行梳理。咖啡师的手，要随时保持清洁、干净。咖啡师脸部的妆容不要太浓，也不要喷味道强烈的香水，否则会破坏客人品咖啡时的感觉。

冲泡咖啡时要注意两件事：一是将各项动作组合的韵律感表现出来；二是将冲泡咖啡的动作融入与客人的交流中。

2. 咖啡服务姿态要求

在咖啡服务活动中，要走有走相、站有站相、坐有坐相。女士行走时，脚步须成一条直线，上身不可摇摆扭动，要保持平衡。同时，双肩放松，下颌微收，两眼平视，并将双手虎口交叉，右手搭在左手上，提放于胸前，以免行走时摆幅过大；男士行走时，双臂可随两腿的移动小幅自由地摆动。当来到客人面前时，应稍倾身面对客人，然后上前完成各种冲泡动作。结束后，面对客人，后退两步倾身转身离去，以表示对客人的尊敬。

有时因咖啡桌较高，坐着冲泡不甚方便，咖啡师也可以站着冲泡咖啡。即使是坐着冲泡，从行走到坐下，也需要有一个站立的过程，而这个过程也是咖啡师给客人的“第一印象”，因此显得格外重要。站立时，需做到双腿并拢，身体挺直，双肩放松，两眼平视。女士应将双手虎口交叉，右手贴在左手上，并置于胸前；男士同样应将双手虎口交叉，但要将左手贴在右手上，置于胸前，而双脚可呈外八字稍稍分开。进行上述动作时应随和自然，避免生硬呆滞，给人以机器人的感觉。

坐在椅子上时，要全身放松，端坐中央，使身体重心居中，保持平稳。同时，双腿并拢，上身挺直，切忌两腿分开，或一条腿搁在另一条腿上不断抖动。另外，下颌可微收敛，鼻尖对向腹部。如果是女士，可将双手手掌上下相叠，平放于两腿之间；而男士则可将双手手心平放于左右两边大腿的前方。

3. 言谈要求

进行咖啡活动时，通常主客一见面，咖啡师就应落落大方又不失礼貌地自报家门，最常用的话语有：“大家好！我叫某某，很高兴能为大家冲泡咖啡。有什么需要我服务的，请大家尽管吩咐。”冲泡开始前，咖啡师应简要地介绍一下所冲泡咖啡的名称以及这种咖啡的文化背景、产地、品质特征和冲泡要点等，但介绍内容不能过多，语句要精练，用词要正确，否则，会影响气氛。在冲泡过程中，咖啡师对每道程序应用一两句话加以说明。当冲泡完毕，客人需要继续品尝咖啡，而冲泡者要离席时，可以这样说：“我随时准备为大家服务，现在我可以离开吗？”这种征询式的语言，可以显示出对客人的尊重。

总之，在咖啡服务过程中，咖啡师须做到语言简练，语意正确，语调亲切，使客人真正感受到喝咖啡是一种高雅的享受。

四、品饮咖啡的基础知识

品饮咖啡也和品饮葡萄酒一样，必须动用我们的感觉器官，也就是视觉、嗅觉、味觉和触觉。

（一）视觉品饮

在品饮咖啡时，首先要通过视觉查看咖啡杯中咖啡液的状态，对于用意大利浓缩机制作出的咖啡，首先要检查浮在咖啡表面的那层泡沫，如果颜色倾向于白黄色，表示咖啡没有被完全抽取，这可能是由于机器的压力不够、水温太低、萃取的时间太短、咖啡粉量不够或咖啡研磨得太粗所致；如果咖啡表面的泡沫一边是深褐色，一边却是白色，表示咖啡被过度萃取了，这可能是咖啡机的压力过大、水温过高、萃取的时间过长、咖啡粉量太多，压粉太紧或咖啡粉研磨过细所致。只有表面的泡沫呈均匀的黄褐色时，才表示咖啡萃取适当，若是泡沫表面还有深色条纹则更为理想。若咖啡泡沫的颜色为深褐色中带点淡红色，且泡沫细小紧密，则表示所用的咖啡豆成分大概率为阿拉比卡种；如果泡沫的颜色是深棕色带灰条纹，而且泡沫的结构松散不紧密，则表示所用的咖啡豆成分大概率为罗布斯塔种。

（二）嗅觉品饮

嗅觉品饮是最主观的，也是最难的，因为构成咖啡香气的化合物成分大约有 1 000 多种，这些成分又可互相交错结合而表现出各种复杂的、令每个人感受不同的气味。大致来说，阿拉比卡咖啡豆一般被形容为巧克力味、花香味、果香味或是烤吐司味，而罗布斯塔咖啡豆的味道则常被形容为木头味、土味、霉味，当然，霉味是对罗布斯塔咖啡豆的偏见。

（三）味觉品饮

咖啡可以品尝出四种基本味道，即酸、甜、苦、咸。人的舌头是味觉的感知器官，舌尖主要感受甜味，舌头两侧主要感受酸味，而舌根则是感受苦味的部位，这就是为什么我们在喝咖啡时，会感知到甜味消失得很快，而苦味则在口中停留较久。有的咖啡很浓烈，喝下后，整个口腔有种充实感，而且长时间不会消失，这是上乘咖啡的特点；有的咖啡

则喝起来像一杯温开水，淡淡的，无任何感觉，没有咖啡浓郁的芬芳味道。咖啡还有一个口感——涩味，这是一种让人的口腔感觉干燥的回味，人们一般不喜欢这种味道。

（四）触觉品饮

拿起咖啡机的咖啡滤盖，舀进一小匙磨好的咖啡粉，用拇指和食指轻轻捻擦咖啡粉，如果能闻到令人愉快的香气，说明咖啡粉是刚刚研磨的；如果有浓重的火烟味，说明咖啡粉研磨后已经放置了很长时间；如果咖啡粉在手指上研开后有油黏附，说明咖啡粉是用深度烘焙的咖啡豆研磨的；如果拇指和食指轻轻捻擦咖啡粉时感觉粗糙，并且比白砂糖颗粒大，说明是粗研磨；如果是类似白砂糖颗粒般大小，说明是中粗研磨；如果是像盐粒般大小，说明是细研磨。

第二节　咖啡的萃取艺术

咖啡是生活中的一种文化，亦是生活中的一项技能。咖啡师用双手将咖啡萃取的过程演化为一种艺术，装扮整洁，神情专注，操作娴熟的他们在弹指一挥间就制作出了风格迥异的各式咖啡。有些咖啡的萃取方式是独一无二的，有些咖啡的萃取方式是可以变通的，无论何种萃取方式，制作出的美味咖啡总是能让人赏心悦目。

一、碾磨咖啡

烘焙好的咖啡豆呈深褐色，蕴含着丰富的香气，滋味千变万化。碾磨咖啡最理想的时间是在冲泡咖啡之前，因为咖啡粉贮存不当很容易变味，自然也就无法冲泡出香醇的咖啡。

（一）咖啡碾磨机的选择

能将咖啡豆碾磨成咖啡粉的碾磨机有很多种，价格上的差异十分惊人。在选择碾磨机时，最好对于咖啡的冲泡方法做到心中有数，因为不同的碾磨程度是由冲泡的方式决定的。

1. 手磨机

数百年来，人们在家喝的咖啡都是用一种容量较小的盒状研磨机手工碾磨而成的，直到今天仍有人在使用手磨机（见图 3-1）。使用手磨机的人通常觉得容量没有必要太大，在手磨机自带的小盒被装满之前，咖啡粉可能就已经被拿去冲泡了。手磨机很便宜也很好用，用它磨出的咖啡粉，颗粒非常均匀，碾磨的程度也可以调节，有粗磨、中磨和细磨之分，但是细磨的程度还不足以达到冲泡浓缩咖啡的要求。手磨是非常耗费时间的一种碾磨方式。

使用手磨机碾磨咖啡豆时，首先要旋开盖子露出小孔，以便倒入咖啡豆，手握手柄转圈碾磨，碾磨后咖啡颗粒落入下面的小抽屉里。无论是粗磨、中磨还是细磨，大小必须严格一致。

手磨机中的代表应属正宗的土耳其手磨机（见图 3-2）。时至今日，在整个土耳其及其他中东国家，人们在家里碾磨咖啡时仍在使用这种长长的、带有厚重的紫铜或黄铜盖子的碾磨机。取下穹顶形的盖子便可放入咖啡豆，转动盖子上的手柄即可进行碾磨。移去手磨机的底座，圆筒中间处会露出用来调整碾磨精度的螺丝，把手柄取下，便可以进行调整。用土耳其手磨机碾磨出的咖啡粉都极其精细，像滑石粉般细腻，这是其他家用碾磨机所无法达到的效果。

2. 电动碾磨机

市场上的电动咖啡碾磨机种类繁多，大多数都带有一个容器来接住磨好的咖啡粉，容量都不是很大，能盛 1 ~ 2 天的用量。家用电动碾磨机基本上有两种：一种是刀片碾磨机，即用螺旋桨式的刀片把咖啡豆切碎；另外一种是双盘碾磨机，即用两块金属圆板进行碾磨。

图 3-1　手磨机

图 3-2　土耳其手磨机

（来源：仿玛丽•班克思，克里斯蒂娜•麦克法顿，凯瑟琳•艾特肯森 [M]．咖啡全书．刘娟，李京廉，等，译．青岛：青岛出版社，2008.）

1）刀片碾磨机

最常见的家用电动碾磨机就是刀片碾磨机，它具有旋转式或螺旋桨式的刀片，有时还可以充当搅拌机或食物加工机，但它在咖啡碾磨上毫无用处。首先，用刀片碾磨机很难将咖啡豆碾磨均匀，从而导致咖啡汁液的萃取很不均衡，较大的颗粒因为无法被水浸透而被浪费，而较小的颗粒则会因为迅速被水浸透而产生苦味，同时还会堵塞过滤网，使活塞式咖啡壶里倒出的咖啡产生沉淀。

若要使用刀片碾磨机，最好一次只放入少量咖啡豆，并上下提动使旋转刀片尽可能多地接触到咖啡颗粒。通过缩短每一次刀片持续旋转的时间，可以避免咖啡豆过热。相对来说，刀片碾磨机便于清洗，可以避免因沾染咖啡油而发出酸臭味。拔下插头后，用一块湿布或海绵就可以擦拭干净容器的内壁与刀片。塑料的盖子可以取下清洗，但一定要注意冲洗干净，否则碾磨出的咖啡粉会带有清洁剂的味道。

使用电动刀片碾磨机时须注意，在添加或取出咖啡以及清洗时一定要把电源插头拔掉。

2）双盘碾磨机

从各方面来看，双盘碾磨机是迄今为止最好用的家庭电动碾磨机，效果几乎可以和商用碾磨机相媲美。考虑到它小巧的机身，能磨出如此均匀的颗粒还是很让人惊叹的。不同品牌的双盘碾磨机的价格具有很大的差异，但就算是最便宜的，也可以磨出很好的咖啡粉末。事实上，如果想冲泡出一杯现磨的好咖啡，买一个好的双盘碾磨机要远比买一个昂贵的咖啡壶重要。

双盘碾磨机的碾磨速度较慢，还会发出很大的噪声，但是操作极其简便，只需通过一个按钮选择碾磨的数量或是级别即可。按照使用说明书，不同的碾磨需要不同的设置，但这未必精确。发现适合自己的理想碾磨精度后，便可以一直参照该设定进行操作。尽管所有的碾磨机都可以进行调节，但是有些特定品牌的碾磨机更适合碾磨特定精度的咖啡。有些碾磨机还带有计时器，到时间会自动停止。

切记咖啡豆千万不要磨得过多，够一两天的使用量即可。碾磨前，要清除掉圆盘上残余的咖啡颗粒，在正式碾磨前，可以先取少量需要碾磨的咖啡豆进行试磨。

若需要制作浓缩咖啡，可以购买专门碾磨浓缩咖啡粉的机器，这些机器非常精确，也很迅速。虽然带刻度的浓缩咖啡剂量分配器的价格很惊人，但它使添加适量咖啡的任务变得极其简单，因为可以直接把咖啡添加到过滤漏斗中，量的多少很容易掌控，不会弄得一团糟。合适的工具可以使浓缩咖啡的冲泡变得方便，所以一个好的碾磨机和冲泡机同样重要。

（二）碾磨程度

粗细适当的咖啡粉对于好咖啡的制作是非常重要的，因为咖啡粉中水溶性物质的萃取有其最佳的时间，如果咖啡粉很细，烹煮时间又过长，就会造成过度萃取，咖啡可能会非常苦并失去芳香；反之，如果咖啡粉很粗，而且烹煮时间短，则会导致萃取不足，咖啡粉中的水溶性物质没

有被溶解出来，咖啡就会淡而无味。

市场上出售的咖啡粉，牌子不同，碾磨的程度也不同。为了便于设定和监控咖啡的碾磨程度，咖啡公司常常把多张滤网叠在一起，根据网眼的大小排列，最大的放在最上面。某一精度下碾磨的咖啡颗粒停留在哪一层或是停留在某一层的颗粒百分比，不仅标志着该种碾磨精度的刻度，也可以反映出颗粒大小是否均匀。例如，中度碾磨的咖啡粉适用于压力壶和咖啡渗滤壶，如果咖啡粉中的颗粒大部分都停留在刻度为 9 的地方，那说明该咖啡的碾磨程度为中度碾磨。如果很多颗粒掉到了刻度 9 以下，或是根本就掉不到刻度 9，那就说明碾磨机出现了故障，可能需要重新校准。

另外，咖啡豆烘焙程度不同，需要的碾磨方法也不同。例如，深度烘焙的咖啡豆由于失水而变得很脆，很容易被碾磨成各种大小的颗粒或是粉末。针对不同烘焙度的咖啡，为了获得相同的碾磨效果，可能需要对碾磨机进行调整。

合适的碾磨粗细度是影响冲煮咖啡口味的最主要因素，而且不同的碾磨粗细度适合于不同的冲煮器具。

1．碾磨粒度

1）粗碾磨

粗碾磨后,咖啡颗粒的直径在 2 ~ 4 毫米,颗粒粗,大小像粗白糖一样，这种咖啡粉常用于咖啡渗滤壶和沸腾式咖啡壶。

2）中碾磨

中碾磨后，咖啡颗粒直径为 2 ~ 3 毫米，呈沙砾状，大小像砂糖与粗白糖混合一样，可用于虹吸式咖啡器、绒布过滤式咖啡器和纸过滤滴落式咖啡器。

3）细碾磨

细碾磨后，咖啡颗粒直径为 1 ~ 2 毫米，颗粒细，像砂糖一样大小，可用蒸汽加压式咖啡器和水滴落式咖啡器。

4）极细碾磨

极细碾磨后，咖啡颗粒直径为 10 ~ 25 微米，大小介于盐和面粉之间，适合做意大利咖啡、土耳其咖啡。

2. 碾磨的注意事项

（1）用碾磨机碾磨咖啡豆时，不要一次磨得太多，够一次使用的分量就可以了。因为碾磨机使用时间长了容易发热，间接造成咖啡豆在碾磨的过程中被加热而导致芳香提前释放出来，影响烹煮后咖啡的香味。

（2）碾磨出来的颗粒粗细要一致，这样才能在冲煮时使每一粒咖啡粉均匀地释放成分，达到令咖啡浓度均匀的效果。另外，颗粒大小不均匀将导致冲泡时间无法掌握，较小的颗粒可能已经过度萃取，而较大的颗粒还没有得到充分的萃取。

（3）每次碾磨结束后都要将碾磨机清洗干净，否则油脂会越积越多，时间长了会有陈腐的味道。清洗的方法是用湿毛巾擦拭刀片和机台，并用温水清洗塑料顶盖。

为了获得正确的碾磨精度以满足特定的冲泡方式，最好多选取一些市场上出售的咖啡粉进行对照，用拇指和食指轻轻捻揉咖啡粉就能知道其碾磨精度。最近几年，一些商家为了争取更大的市场份额，开始推出一些“中庸”产品并承诺这种“全能”咖啡粉既适用于过滤式咖啡壶，也适用于压力式咖啡壶，还有的咖啡粉产品试图同时满足过滤式咖啡壶和浓缩咖啡壶，结果造成这种咖啡粉不仅不能满足不同冲泡方法下咖啡的萃取，更让那些想知道为什么咖啡需要不同碾磨程度的顾客们一头雾水。

但这种介于细碾磨和中碾磨之间的“全能”碾磨咖啡粉并非一无是处，它很适合那不勒斯转壶（Neapolitan Flip Drip）和真空咖啡壶。使用这两种壶具煮制咖啡时，接近细碾磨的咖啡粉可以萃取得更充分，同时由于设计上的原因，“全能”碾磨咖啡粉中偏大的颗粒也不会掉入萃取出的液体中。

在这里，给热爱浓缩咖啡的完美主义者一个小提示：在意大利，当气候非常潮湿时，酒吧的服务员为了煮出一杯完美的浓缩咖啡会把碾磨机稍作调整，使磨出的颗粒不像之前那么细。

二、咖啡萃取的秘密

咖啡这种饮料是由咖啡粉与水等液体融合而成的，煮咖啡的方法很多，可以使用非常少的器具完成，也可以使用很多贵得令人望而却步的仪器来完成。了解一些关于咖啡冲泡过程的常识，就可以轻松解决究竟用什么方法冲泡咖啡才好等令人迷惑的问题了。

（一）冲泡咖啡前的准备工作

作为一个咖啡爱好者，如果想泡出一杯非常完美或至少让人感觉很愉悦的咖啡，在购买冲泡器具前必须考虑以下细节问题。首先要考虑自己想要冲泡什么口味的咖啡，是口味浓厚的浓缩咖啡？还是甘醇的高地阿拉比卡咖啡？其次，喝咖啡的时间和咖啡的冲煮方法也要考虑。早餐时，由于时间比较紧张，满满一杯令人振奋的咖啡会很受用;而晚餐过后，一小杯纯正浓郁的咖啡则更为适合，随意畅谈间，咖啡会慢慢去除味蕾上残留的晚餐的味道；若是在某个安静思考或惬意放松的时刻，泡上一杯香味袅袅，如丝般甘醇的黑咖啡，慢慢品饮，似乎能把自己带到另一个时空。

另外，咖啡量的多少和浓淡程度也需要考虑。是一口就把一小杯咖啡喝下呢？还是需要同时冲泡多杯？咖啡的质感也很重要，有人觉得没有沉淀物、清清爽爽的，喝起来比较容易入口，不过也有人就喜欢咖啡颗粒带来的粗粝感觉。无论浓烈还是清淡，无论是早上喝或是晚上喝，总能找到一种合适的冲泡方法与之搭配。

（二）咖啡萃取

即使最精美、最昂贵的器具也未必就能冲煮出最令人满意的咖啡。因此在选择冲煮咖啡的器具时，一定要注意它的设计能否协调好影响咖啡冲煮的各方面因素，当然安全因素也有必要考虑在内。

一颗小小的咖啡豆中含有几百种物质，其中大部分都可溶于水，在普通的萃取过程中，这些水溶性物质中约有 1/3 会被萃取出来。当然冲煮咖啡的目的不是要尽可能多地把水溶性物质提取出来，因为并不是所有的水溶性物质都是冲煮时所需要的，有的物质是会破坏咖啡风味的。咖啡的整体风味包括色泽、香味、口感和醇度等，专业的品尝家普遍认为，当从咖啡豆中萃取出的成分达到 18% ~ 22% 并溶解于水后，其口味是最佳的。若超过 22% 的物质溶解到水里，则会出现萃取过度的现象，如果是水洗咖啡豆，会产生涩口的感觉;如果是蜜处理咖啡豆或者日晒咖啡豆，则不一定会有涩口感。如果把所有的成分都萃取出来，咖啡可能会因杂味太多而令人难以下咽，或者口感太苦。

咖啡萃取需要考虑的另一个技术细节是水的多少。即使咖啡成分萃取得恰到好处，到了杯子里，口味仍会有变化，其浓淡取决于水的多少。大多数专业品尝家都认为，一杯咖啡含有 98.4% ~ 98.7% 的水、1.3% ~ 1.6% 的可溶性成分时，口味最佳。只要控制好加入的咖啡和水的百分比，即可获得最佳的咖啡浓度。

以上所述的萃取率和浓度是衡量一杯咖啡好喝与否的基本标准，美国精品咖啡协会（Specialty Coffee Association of America，SCAA）规定咖啡豆的克数与热水的毫升量的比例为 1 ∶ 18.18 时，口感最佳，即 8.25 克的咖啡豆研磨后，以 150 毫升的热水萃取；9.9 克咖啡豆以 180 毫升热水萃取；11 克咖啡豆以 200 毫升热水萃取。之所以这样规定，是因为按照这一比例萃取的咖啡浓度恰好位于“金杯准则”（Golden Cup Standard）所规定的总固体溶解量（Total Dissolved Solids，TDS）1.15% ~ 1.35% 的

中间区域（萃取浓度在 18% ~ 22% 时，酸味、甜味、苦味、咸味等物质都能够被萃取出来；萃取浓度在 1.2% ~ 1.35% 时，酸味、甜味、苦味、咸味等物质萃取充分，咖啡液体的平衡度很好，咖啡的原风味能够完全被体现出来；萃取浓度在 1.05% ~ 1.15% 时，酸味、甜味、苦味、咸味等物质能被部分萃取出来，是比较淡的；萃取浓度在 1.15% ~ 1.2% 时，萃取未达到理想的状态，介于完美和比较淡之间；萃取浓度在 1.35% ~ 1.45% 时，某一种物质（如苦味物质）被萃取得比较多，有刺激感但不明显；萃取浓度在 1.35% ~ 1.45% 时，酸味、甜味、苦味、咸味等物质萃取的比例不恰当，有刺激感），基本上酸苦平衡，甜感醇厚，浓淡适中。只有咖啡粉与水的比例恰当，同时萃取的浓度适宜，咖啡液体的风味才会很好。杯测要求的浓度比一般滤泡式咖啡更为淡薄，以免咖啡太浓，反而不易分辨好坏。

图 3-3 所示为咖啡冲煮比例，萃取率在 14% ~ 18% 和 22% ~ 27% 时，咖啡液体的风味都是不好的；萃取率在 14% ~ 18%，萃取是不充分的；萃取浓度在 1.45% ~ 1.65% 时，酸味、甜味、苦味、咸味等物质中的某一种被过度萃取，而其他的物质没有被充分萃取，这样的咖啡液体是有刺激感的；萃取浓度在 1.2% ~ 1.45% 时，酸味、甜味、苦味、咸味等物质萃取得较少，咖啡液体的平衡度尚可；萃取浓度在 1.05% ~ 1.2% 时，酸味、甜味、苦味、咸味等物质被萃取得很少，咖啡液体比较淡；萃取率在 22% ~ 27% 时，无论萃取浓度在哪个范围，由于苦味物质萃取过多，咖啡液体都表现为苦味，萃取浓度越大，苦味越明显。

（三）水质

人们若在某处喝到了一杯好咖啡，便会专门从那里买一些咖啡带回家自己动手做，可是尽管使用了正确的煮泡方法，味道仍然会不一样。这是因为一杯咖啡里有 98% 都是水，所以水质和水的口感与咖啡的选择是同样重要的，只有使用了相同的水，才能泡出口味完全一致的咖啡。

咖啡专家们一般认为，质地稍硬的水是最适合用来冲泡咖啡的，而带有少许矿物质的水更可以增加咖啡的风味，因此才有“在咖啡里添加少许盐来充分调动咖啡的美味”的老传统。然而如果水质过硬的话，钙镁离子会阻止水分子和咖啡颗粒的充分接触而影响萃取效果，最终使冲泡出来的咖啡淡而无味。

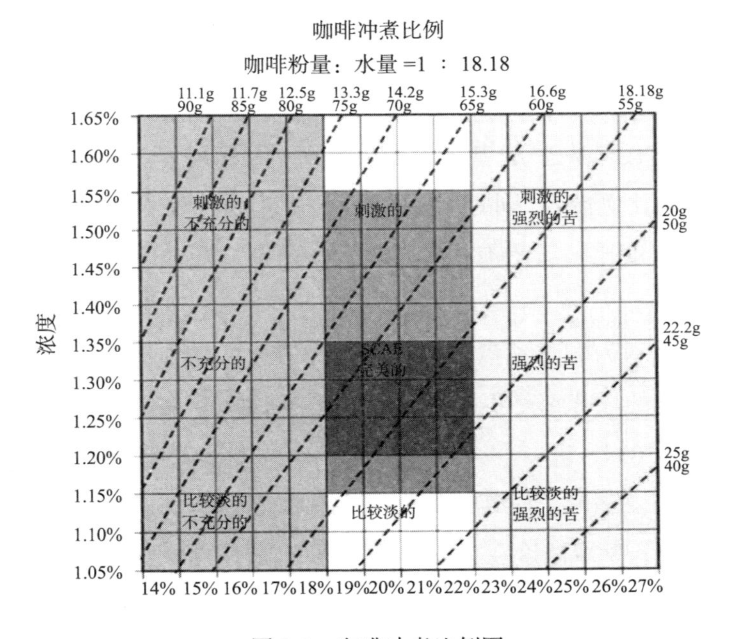

图 3-3　咖啡冲煮比例图

氧化或是用其他化学物质处理过的水，以及因管道老化、生锈而带有异味的水，会影响咖啡的风味，在厨房主要进水管处安装永久性过滤装置可以帮助去除水里令人生厌的异味。用来冲泡咖啡的水必须洁净无味，不得使用蒸馏水或软水。2009 年，SCAA 已对水质的总固体溶解量做出了修正，根据新的水质标准，最理想的咖啡冲泡水质应为 150 毫克 / 升，但可接受的水质范围则放宽至 75 ～ 250 毫克 / 升。

（四）水温和接触时间

冲泡的温度依冲泡的器具、冲泡的风味目标、咖啡粉的粗细等而定，可以在75℃以下，也可以在90℃以上。任何温度的水都可以进行咖啡萃取，但热水要比冷水萃取得快。冲泡咖啡最适宜的水温为82℃～92℃，千万不能直接把沸水浇在咖啡上，即使是速溶咖啡也不行，因为这样会让咖啡产生一股涩味；相反，用太凉的水会使咖啡萃取不足。若是采用土耳其式的冲煮方法，故意将咖啡多煮点时间，饮用时可以适当添加糖块来减弱苦味。

当咖啡和水混合好后，需要静置一定的时间让水渗透到咖啡里，以萃取出各种水溶性物质。不同的物质溶于水所需要的时间也不一样。在冲泡咖啡的最初几十秒钟内，咖啡液中香味物质的组成不停改变着，若是冲泡时间有限，那就需要把咖啡磨得细一点，使得水能充分渗透，以萃取出香味成分；若咖啡与水的接触时间相当长（2～5分钟），那么将咖啡碾磨得较粗点为好，以减缓萃取的速度。有一些特定的冲泡方法，如使冷水非常缓慢地滴落到咖啡上，通常需要好几个小时。

（五）热水流（量）

水流是指热水通过或冲击咖啡颗粒的力道，搅拌水流越强，越可促进咖啡成分的萃取，进而影响浓度。滤泡式咖啡如果没有水流来促进萃取，咖啡颗粒就会聚集在一起，造成萃取不均，致使萃取率低于18%，令咖啡风味太薄弱；水流太强或持续时间太久，会导致咖啡颗粒间的摩擦力过大，造成萃取过度，致使萃取率超出22%，高度涩苦的咬喉感容易溶出，因为萃取率在18%～22%范围内是理想的萃取浓度，酸、甜、苦、咸较适中，不会出现特别的滋味。

水流的强弱需要以烘焙度为指标，对待深焙豆，宜以温柔水流泡煮，以免过度拉伸萃取率；泡煮浅焙豆，则可用稍强的水流搅拌，以免过多精华残留在咖啡渣中，无法萃出。电动滴滤壶（喷头水柱大小）、手冲壶（壶嘴口径与水柱高低）、虹吸壶（搅拌力道）、法式滤压壶（搅拌与下压力道）、台式聪明滤杯（搅拌力道）皆运用水流与搅拌力道，加速萃取。原则上，萃取浅焙咖啡豆的水流力道应大于萃取深焙豆的。水流、水温、时间与咖啡粉的粗细度，都是咖啡师调控咖啡浓淡、味谱的有效手段。

三、动手萃取咖啡

在世界各地的博物馆里珍藏着各种各样冲泡咖啡的工具，经过历史的演变，目前人们用来冲泡咖啡的工具已发生了很大的变化，同时冲泡咖啡的方法也发生了很大的变化，从早期带壳煮咖啡到如今去壳烘焙后碾磨冲泡，咖啡的香醇在这一演化过程中得到了更好的诠释。

（一）虹吸壶冲煮咖啡

1. 虹吸壶的起源与复兴

虹吸壶的历史比手冲壶还早了70年以上，1830—1840年，德国柏林的洛夫（Loeff）最先发明了采用玻璃材质、上下双壶的虹吸壶萃取法，后来经过法国、英国等国家的不断改良，虹吸壶盛极一时。

1960年以后，美国发明了电动滴滤壶，既方便又省事，它的出现逐渐淘汰了手冲壶、虹吸壶和摩卡壶，但日本人依旧迷恋着古朴的虹吸壶与手冲壶，并加以发扬光大，所以今日，有不少咖啡迷都误认为虹吸壶和手冲壶是日本人发明的。其实这两者皆起源于欧洲。

虹吸壶萃取法也是我国台湾地区早期咖啡馆中最经典的冲泡法，至少流行了半个世纪之久。1990年后，台湾地区燃起了意式咖啡热潮，1998年，第二拨精品咖啡热潮的“带头大哥”星巴克，进入台湾地区，引燃了当地人对拿铁与卡布奇诺的热情，重创了“老迈”的虹吸壶式咖啡馆，黑咖啡由盛变衰，几乎成了老一代咖啡人的回忆。

虹吸壶近年在日本与我国台湾地区已不复昔日盛况，地位逐渐被手冲壶取而代之。究其原因，不外乎虹吸壶的玻璃材质易碎，滤布不易清洗、易发臭，还需另备瓦斯炉、卤素灯或酒精灯等热源，方便性与机动性远不如手冲壶。但虹吸壶仍有其得天独厚的优势，如萃取水温容易掌控，冲泡品质相较于手冲壶更为稳定，而且味谱丰富厚实。虽然虹吸壶萃取的流程较为复杂，但手冲壶要想完全取代虹吸壶，几乎是不可能的，毕竟台湾地区还有一大批怀旧的虹吸壶迷仍沉醉于虹吸壶的无边魅力。

2. 虹吸壶煮制咖啡的秘密

虹吸壶套件（见图 3-4）包括下壶、上壶、滤器（金属或陶瓷）、滤布或滤纸、搅拌棒和瓦斯炉或酒精灯，比手冲套件还要复杂。虹吸壶的滤器值得一提，传统滤器是金属材质，后来日本推出了弧形陶瓷滤器。有人认为陶瓷滤器泡出的咖啡风味更为平顺柔和，不易出现突兀的味谱，而传统金属滤器泡出的咖啡比较有个性，振幅较大。但也有人认为两种滤器冲泡出的咖啡没什么差别，纯粹是心理作用使然。

图 3-4 虹吸壶

虹吸壶的下壶可称为容量壶，呈圆球状并标有水量刻度。上壶为圆柱状，可称为萃取壶，其基部有一根直通下壶的玻璃管，而包有滤布或滤纸的滤器，就紧铺在上壶基部的玻璃管口，以过滤咖啡渣。

下壶的水加热后，产生水蒸气与压力，将下壶的热水从玻璃管推升到上壶，开始冲泡上壶的咖啡粉，萃取结束后，移开火源。此时下壶已呈半真空状态，失去上扬推力后，下壶就会把上壶中的咖啡液吸下来，咖啡渣被阻拦在上壶的滤布中。

虹吸壶最大的优点是下壶扬升到上壶的水温，可运用炉火灵活操控，使之保持在低温的 86 ~ 92℃或高温的 88 ~ 94℃。前者是冲泡深度烘焙的咖啡豆时的较佳水温区间，后者是冲泡浅中度烘焙咖啡豆时的较佳水温区间。虹吸壶萃取在热源持续、水温逐渐上升的环境下进行冲泡，水温曲线徐徐向上，如爬山状，水温越高，咖啡粉的萃取率越高。

3．虹吸壶煮制咖啡的操作方法

（1）将水注入虹吸壶下壶中，壶身有杯量的刻度，可按照所需的出杯份数自行掌握水量，虹吸壶的标准杯量约为 90 毫升。

（2）点燃酒精炉或瓦斯炉，置于虹吸壶下壶的正下方，火焰高度以外焰能接触到下壶为宜。

（3）将虹吸壶的过滤片正确安装在上壶正中位置，一定要确保滤片处于上壶底部的正中间，若有偏移，可用搅拌棒调正，否则将直接影响咖啡出杯后的口味。向下拉过滤片的金属钩，使它正确牢固地钩住上壶下面玻璃管的下沿。

（4）待虹吸壶下壶的水出现连续的鱼眼泡时，将上壶平稳牢固地插入下壶。用虹吸壶制作咖啡时，最重要的就是控制水温。这个步骤非常关键，切忌等下壶的水完全沸腾后再插入上壶。

（5）虹吸壶下壶的水缓慢地被抽入上壶，这时要用搅拌棒搅动上壶中的水，目的是使之降温。

（6）待下壶中的水被完全抽入上壶后，调小火力（使用酒精炉的不必调节），将咖啡粉倒入上壶，保持朝一个方向搅动 3 ～ 4 圈。

（7）30 秒后，用搅拌棒进行第二次搅动（3 ～ 5 圈），同样要保证搅拌的方向一致，不可过多搅拌，否则咖啡的味道会变得非常杂乱。

（8）一分钟后（萃取计时以注入咖啡粉后为起点）熄灭火源，用搅拌棒进行第三次搅动，使用搅拌棒搅动咖啡时，搅拌棒不宜插得过深，一半即可。

（9）熄火后，咖啡将回流入下壶的玻璃球中，拔下上壶，将咖啡倒入咖啡杯。建议：虹吸壶萃取咖啡应在倒入咖啡杯中一分钟后饮用，此时咖啡的味道最佳。

（二）滤纸滴落器冲煮咖啡

1908 年，德国人梅丽塔（Mellita）女士发明了滴滤式咖啡萃取法。将滤纸放在过滤支架（又称滤杯，因呈漏斗形，有时也叫漏斗支架，见图 3-5）里，上面淋上热水，萃取过后的咖啡液会顺着漏斗下方流出来，这一过程利用万有引力，热水只是通过咖啡粉进行适度萃取，却并无过多浸泡过程，因此制作出来的咖啡液澄澈明亮。

图 3-5　滤纸滴落器形状

1．滤纸滴落器的组成

手工冲泡咖啡所使用的器具通常是滤纸滴落器，包括冲泡上座（滤杯）、下壶、手工冲泡壶、滤纸，还可以配上称重电子秤和温度计。

（1）手工冲泡壶：又叫银丽壶，是盛水用的壶，用手握着壶把手将水冲浇到咖啡粉上。

（2）冲泡上座（滤杯）：盛放滤纸以及咖啡粉。

（3）下壶：水冲泡完咖啡粉，被滤纸过滤掉咖啡渣后的咖啡将滴落进下壶中。

（4）滤纸：过滤咖啡渣。

（5）称重电子秤：称量咖啡粉以及咖啡出杯量（可以不备）。

（6）温度计：测量水温（可以不备）。

2．冲泡上座（滤杯）类型对冲泡咖啡的影响

手冲时需要用到的滤杯也有很多种类，如单孔滤杯、三孔滤杯，还有中间有一个比较大的孔的滤杯。以同样的方法注入热水，不同滤杯的过滤速度不一样，因此萃取的时间也会发生变化。萃取的时间差异将导致咖啡风味的不同。

过滤的速度因为滤杯上空洞的面积而发生改变，面积越小的孔洞，过滤速度越慢，这种类型的滤杯因为注入的热水会先停留在滤杯中，再以一定的速度过滤，萃取是在停滞的热水中发生，因此热水的注入方式不会受到影响，能够煮出相对稳定的咖啡。孔洞面积越大，过滤速度越快，从而影响到注入热水的方式，热水注入滤杯后不会发生停滞，一般注入位置在中心，一边萃取一边过滤，通过不断地改变注入热水的位置，咖啡的风味会更容易萃取出来，而注入位置始终不变的话，可能会导致萃取不均匀，咖啡的风味无法表现完整，如表 3-1 所示为滤杯类型与过滤速度及热水停留的关系。

表 3-1　滤杯类型与过滤速度及热水停留的关系

滤杯类型	单孔	三孔	一个大孔
过滤速度	慢	比单孔快	比三孔快
热水停留	容易	较容易	不容易

挑选滤杯时要注意滤杯的材质，也要注意滤杯的形状差异，滤杯内侧的沟槽如果太浅的话，热水不容易通过，会造成萃取过度。

3．滤纸和法兰绒滤网

在使用滤纸的时候要注意，有的滤纸的味道很明显，这会影响到咖啡的香味，一定要选用没有什么味道的滤纸，在冲煮咖啡前润湿滤纸，也能在一定程度上消除杂味。

人们手工冲泡咖啡时多使用的是滤纸（建议使用未经漂白处理的滤纸），其实更加纯正、优雅的方法是使用法兰绒滤网。法兰绒滤网的用法和滤纸大同小异，冲泡得当的话，所呈现出来的咖啡，味道更为细致，

它能将咖啡的苦味、酸味等特性完全呈现出来，口感会更加纯净，层次感也更强一些。

法兰绒滤网较滤纸的不便之处在于保养清洁及整理方面，在第一次使用它时，需用热水冲洗，然后再放入泡有咖啡粉或茶叶渣的开水中煮10分钟，去除布臭味，再用水洗净。每次使用后，务必清洗干净，沥干后装入保鲜袋里，再放入冰箱妥善保存，下次需要使用时，拿出来适当冲洗即可。切记不要用肥皂清洗或直接晒干，否则会产生异味。放入冰箱冷藏时，最好能放在密闭容器中，以免沾染到其他食物的味道。

4．滤纸滴落器冲煮咖啡的温度

使用滤纸滴滤咖啡，水温在82 ~ 83℃时，最能使味道平衡。超过这个温度区间，会有某些味道特别明显；没有达到这个温度区间，美味的成分就无法被萃取出来。当然，水温也会根据使用的萃取工具不同而有所改变（如制作Espresso要用高温水），烘焙豆的新鲜度也会产生很大的影响，表3-2所示为水温与味道的关系。

表3-2　水温与味道的关系

水　温	味　道
88℃以上	水温过高，产生气泡，造成闷蒸不完全
87 ~ 84℃（适合深度、中度烘焙）	水温偏高，味道强烈，苦味明显
83 ~ 82℃（适合所有烘焙度）	适温，咖啡的味道平均
81 ~ 77℃（适合深度烘焙）	稍低，能抑制住苦味
76℃以下	过低，完全煮不出咖啡的美味，闷蒸亦不完全

刚烘焙好的豆子，还在大量排放二氧化碳，在这种状态下产生的咖啡粉中注入90℃以上的热水，不会产生一般的“闷蒸”情况，反而会喷出泡沫，使味道变差。而烘焙两周以上的豆子（常温）鲜度已失，必须使用高温水萃取。快要酸败的豆子在滤纸上的锁水能力差，90℃以上的高温水才能让它释放出味道与香气，避免味道过于淡薄。再者，水温不只受到豆子鲜度的影响，也会依烘焙度而改变。一般来说，深度烘焙的

豆子适合稍微低温（75 ~ 79℃）或中温（80 ~ 82℃）的水，浅度烘焙的豆子适合中温或稍微高温（83 ~ 85℃）的水。也就是说，光是水温这一点，就会因为器具、咖啡豆的鲜度和烘焙度而发生改变。

5．滤纸滴落器冲煮咖啡的操作方法

（1）将大小匹配的滤纸折叠好，放置在上座（滤杯）中。为了能够明了地看到咖啡液滴落的状态，杯具最好是透明材质的。将适量热水倒入手工冲泡壶中，需要注意的是，由于热水倒入壶中以后会降温 3 ~ 4℃，为了达到需要的萃取水温，倒入壶中的热水温度应高 3 ~ 4℃。

（2）用 85 ~ 88℃水温的适量水冲淋滤纸，使滤纸平顺地黏合在上座（滤杯中），同时冲洗掉滤纸上可能存在的荧光剂滤纸味。此外，还可以给下座进行温杯预热。

（3）将适量碾磨好的咖啡粉放置在滤纸中，铺平整。

（4）闷蒸，即慢慢地、均匀地从中心处用顺时针绕圈法，一层一层细密地浇淋咖啡粉，直至将咖啡粉完全浸湿。静置 20 ~ 30 秒钟，如果操作得宜，且咖啡豆新鲜，淋湿后的咖啡粉会犹如发酵般蓬松起来，像个小馒头般可爱，但此时并无大量咖啡液从下方流出，一般不超过 4 滴。

（5）闷蒸结束后，再次注水，还是采用顺时针绕圈法，从里（中心点）往外一圈一圈细密连贯地注水，到了外圈后（注意不要淋到最外侧的滤纸）再顺时针从外往里注水至中心点，此为完整的一次冲泡，正常情况下此时恰好注水适量。等到萃取过程结束，将上座（滤杯）移开，就可以直接享用咖啡了。

6．滤纸滴落器冲泡咖啡的注意事项

（1）粉水比例。粉水比例是指使用的咖啡粉与冲泡咖啡使用的水的比例，比如，20 克的粉，冲泡到 320 克，即 1 ∶ 16。一般是 20 克的粉，冲泡到 360 克左右，即 1 ∶ 18.18。

（2）水温。水温是一个让人十分纠结的问题，一般依据咖啡粉的粗

细与新鲜程度来决定水温，通常水温的范围在 80 ~ 94℃。

（3）研磨度。定了粉水比例以及冲泡水温和正确的咖啡冲泡步骤后，就可以依据这些变量来调整咖啡的研磨度，咖啡酸了就调细一些，苦了就调粗一些。

（4）水流。水流是手工冲泡咖啡的“灵魂”，冲泡时要求水温平稳与均匀，冲泡完成后，滤杯中的咖啡渣应是平的，这样才能保证咖啡粉所受水流是一致的，不至于出现有些地方冲泡过度了，而有些地方却没有冲泡到的情况。

（三）比利时皇家咖啡壶冲煮咖啡

比利时皇家咖啡壶又名平衡式塞风壶（Balancing Syphon），如图 3-6 所示，其发明者是英国造船师傅 James Napier。比利时皇家咖啡壶不仅外观精美华丽，堪称高档工艺品，而且其工作原理也十分奇特。

图 3-6　比利时皇家咖啡壶

1．比利时皇家咖啡壶概述

1850 年的欧洲社会名流，不只要求最好的烹调技术，同时也要求精致的手工艺术，比利时的巧匠光耀了这一历史传统并将之翔实地记录了下来，流传至今，故这具有专利的皇家虹吸式咖啡壶不仅拥有完美的咖啡制作过程，且本身就是一件艺术品。

比利时皇家咖啡壶结合了数种自然的力量，如火、蒸汽、压力和重力，这些使得比利时皇家咖啡壶的操作更具可观性。比利时皇家咖啡壶兼有虹吸式咖啡壶和摩卡壶的特色，从外表来看，它就像一个对称天平，右边是水壶和酒精灯，左边是盛着咖啡粉的玻璃咖啡壶，两端靠一根弯如拐杖的细管连接。当水壶装满水时，天平失去平衡向右方倾斜；等到水沸腾了，蒸汽便会冲开细管里的活塞，顺着管子冲向玻璃壶，与放在彼端的咖啡粉相遇，温度刚好是冲泡需要的温度（95℃）。待水壶里的水全部化成水汽跑到左边，充分与咖啡粉混合之后，因为虹吸原理，热咖啡液又会通过细管底部的过滤器回到右边，把咖啡渣留在玻璃壶底，这时打开连着水壶的开关，一杯香醇完美的咖啡就冲泡好了。

这种整个冲泡过程犹如上演了一出舞台剧的咖啡器，因为炫目华丽的外表，加上噱头十足的操作方法，大大加重了咖啡身上感性浪漫的色彩。

2. 比利时皇家咖啡壶冲泡咖啡的操作方法

（1）先取出一块过滤布，放置在开水中煮约 10 ~ 15 分钟后用清水洗净，再包在过滤喷头上。

（2）准备工业用酒精，打开酒精灯注入酒精瓶中至七分满，并调整灯芯至适宜的火力大小，一般用小火为佳。

（3）调整好虹吸传热管，将过滤喷头尽量移至玻璃杯正中央；同时另一边须将耐热硅胶紧压在盛水器，使之密封且两边须平衡。

（4）拧开注水口，注入开水至八分满（约 380 毫升），然后拧紧注水口。

（5）依个人喜好，将约 30 ~ 40 克的现磨咖啡粉或专用咖啡粉放入玻璃杯中即可。

（6）将重力锤往下压，再将酒精灯打开，点燃酒精灯即可。

（7）等咖啡回流至盛水器时，可以看到咖啡婉转迂回的瞬间，稍微转开注水口让空气对流后，即可打开开关，享用香醇的咖啡。

（四）摩卡咖啡壶冲煮咖啡

摩卡咖啡壶（见图 3-7）是一种制作意式浓缩咖啡的简易工具。最早的摩卡咖啡壶是由意大利人 Alfonso Bialetti 于 1933 年制造的，他的公司 Bialetti 一直以生产这种咖啡壶而闻名世界。

图 3-7　摩卡咖啡壶

摩卡咖啡壶在欧洲比较普遍，伦敦的科学博物馆陈列着各种早期摩卡咖啡壶。最初的摩卡咖啡壶是用铝制作的，把手则使用塑料制成。

摩卡咖啡壶冲煮咖啡的基本原理是利用加压的热水快速通过咖啡粉萃取咖啡液，由于加热过程中会产生压力，所以摩卡咖啡壶会有 1 ~ 2 个安全阀。

摩卡咖啡壶分为上座、下座两部分和填充咖啡粉的滤器。

1．摩卡咖啡壶冲煮咖啡的操作方法

（1）向上座中注入饮用水，最好使用一般家庭滤水器所滤出来的清水，以每杯 30 毫升计算，量出所需的水量，不要淹没安全阀，否则加热后热水会带着水蒸气喷出，造成危险。

（2）向滤器中填加咖啡粉，咖啡粉的分量可以随个人喜好不同而改变。因为每个摩卡咖啡壶的滤器及下座的大小均不同，因此需要多试几次，才能找到适合自己口味的咖啡粉分量。如果喜欢浓一点的，可以在填粉时，用压板轻压后再加咖啡粉填满已压平的空间，然后再轻压一次。所用咖啡粉的粗细要比虹吸壶的细一些。

（3）清除滤器边缘的咖啡粉，否则会缩短下座底部的白色橡胶垫圈的使用寿命。

（4）将滤纸放在滤器上，滤纸不能大于咖啡粉的表面，否则会造成太大的压力，蒸汽会外溢。

（5）将滤器放入下座中，把上座拧紧。

（6）将摩卡咖啡壶放在加热器上加热，加热器最好使用电磁炉。加热速度快才能产生足够的蒸汽以萃取出咖啡液。在加热的过程中，会听到快速的嘶嘶声，这是蒸汽带着咖啡冲到上座的声音，一旦声音转为啵啵声，就表示下座中的水分已经全部变成了咖啡液。打开上盖，看见蒸汽孔已经停止冒蒸汽时，就表示萃取过程已经完成，就可关闭加热器，倒出咖啡液进行饮用。

（五）土耳其咖啡壶冲煮咖啡

土耳其咖啡壶又称阿拉伯咖啡壶诞生已有七八百年的历史。据说，在土耳其，为客人煮一杯传统的土耳其咖啡是无比崇高的事情，有的甚至还要提前沐浴、吃斋。

2013 年 12 月 5 日，土耳其咖啡壶及其传统文化被列入联合国教科文组织人类非物质文化遗产名录。

土耳其有句谚语，“喝你一杯土耳其咖啡，记你友谊四十年”。在土耳其的大街小巷，到处是挂有“咖啡”招牌的店，有的还画着一只小巧的咖啡杯，杯子上似乎冒着缕缕热气。据说，在土耳其有一种咖啡算命的习俗，就是在喝完咖啡后，将沉淀于杯底的咖啡渣盖在盘子上，根据其形成的模样来占卜当天的运势。

土耳其咖啡壶简单、实用又很有年代感，并且可以通过添加各种香料使咖啡变得别有一番风味。

优点：简单、美观，具有收藏价值。

缺点：必须用明火加热，没有经过过滤，不习惯的人喝了会觉得有咖啡渣。

清洗保养：很方便，耐用性高，几乎不可能会坏。

1．原料

（1）咖啡粉 15 克。极细研磨至类似于面粉般手感的粗细度，尽量选择中深烘焙的咖啡豆。豆子一定要新鲜且现磨现做，否则很难煮出细腻的金黄色泡沫。

（2）糖 5 克。可根据自己的口味增减，可用红糖，既不会感觉很甜，又能很好地中和咖啡的苦涩味。

（3）少许香料。可以在咖啡中放入肉桂、姜末等香料，当然如果不习惯，也可以不放。

（4）纯净水 150 毫升。最好是冷水，如果想节约时间用热水，那也

必须是没有烧开过的。

2．冲泡

（1）加热沸腾与搅拌。土耳其咖啡一般共需沸腾三次，第一和第二次沸腾时，应立刻离火并且搅拌，第三次沸腾方可倒入杯中饮用。搅拌时须轻柔缓慢，避免将液面的粉层搅散（避免破渣），以免过度萃取。即将沸腾前，表面会出现一层金黄色的泡沫，当泡沫逐渐增多且迅速涌上时，立即将壶离火，待泡沫落下后再放回火上。

（2）斟咖啡。斟咖啡前可稍稍静置片刻，待咖啡渣沉淀到底部后，将上层澄清的咖啡液缓缓地倒入杯中，切忌倒得过快，否则会将过多的咖啡渣倒入杯中。

（六）法式压滤咖啡壶冲煮咖啡

从一开始，法国人对煮咖啡就比其他国家的人都要用心。威廉·哈里森·阿克斯（William Harrison Ukers）在其1922年出版的《关于咖啡的一切》（*All About Coffee*）中写道：第一个法式咖啡壶是在1800年左右出现的，40年后，又出现了第一个玻璃咖啡壶。尽管阿克斯百科全书式的作品中简述了几十种器具，却没提到我们今天所谓的“法式压滤壶”（French Press），如图3-8所示。这种咖啡壶在英式英语中被称为“Cafetière”，到威廉·哈里森·阿克斯去世后才流行起来，但这种技术却早在他写书之前就有了。

1852年3月，一个法国的金属加工技工和一个商人因“以活塞方式过滤咖啡”而联合取得了一项专利。这项专利是用手把一根连着一片带有网眼、被两层法兰绒夹在中间的锡箔的活杆压入圆柱形容器内，向下压动活塞，过滤后的咖啡就会涌上来，非常清澈。

但是法式压滤壶直到20世纪20年代才为世人所知，当时一个米兰工厂为这项法国发明的一个版本申请了专利，而后这家公司又改良了这种设备。1935年推出的一种型号有一个弹簧包裹在泵盘周围，让泵盘可以水平地压入圆柱容器中。

图 3-8　法式压滤咖啡壶

20 世纪 50 年代，类似的设计开始在欧洲传播开来。但过了一段时期后，法式压滤壶才进入美国，又过了很久才获得现在的名号。到了 20 世纪 80 年代初，有些美国人仿照英国人的说法把它叫作“Cafetière”，有些人则用“French Press”来称呼它。1993 年，弗洛伦斯 · 法布里肯特（Florence Fabricant）对《纽约时报》的读者们解释说，“法式压滤法”是行家们的最爱。法式压滤法有个重大缺点，那就是制得的咖啡有时会有点浑浊。

1．使用法式压滤咖啡壶冲泡咖啡的操作方法

（1）取干净的法式压滤咖啡壶和咖啡杯，并预先温烫一下。

（2）取咖啡粉放在法式压滤咖啡壶内（假设做两杯份），注入沸水到所需的杯份刻度处，在注水完毕后，用咖啡勺搅动一下。

（3）将压滤塞置于咖啡液面上方，且不压到液面以下，待 2 ~ 5 分钟后，将过滤塞网轻轻地压到底，倒出咖啡即可饮用。在压下过滤塞网时，动作一定要缓慢、平稳，不可急速压下。

2．法式压滤咖啡壶冲泡美味咖啡三绝招

（1）温杯。在制作咖啡前将咖啡杯、壶温烫，将开水倒入咖啡壶内二分之一处，将过滤塞网压到底部一同温烫。半分钟后将壶内的水倒入

咖啡杯里，直到倒入咖啡前倒掉。

（2）咖啡适量。用咖啡壶自带的咖啡勺量取咖啡粉，一平勺对应一杯。

（3）搅动。在注水后，立即用咖啡勺顺时针搅动三圈，这样能使咖啡粉充分地被沸水浸泡，加速萃取，使咖啡的口感更加丰满醇厚。

（七）越南滴漏咖啡壶冲煮咖啡

越南在 1860 年左右就开始种植咖啡了，独特的历史形成了越南咖啡独特的风味以及内涵，越南滴漏咖啡壶（见图 3-9）在这其中扮演了重要的角色，它也是越南咖啡最重要的器具。在咖啡很受欢迎的日本都很难见到使用越南滴漏壶萃取咖啡，但是在越南，街头巷尾、家家户户都可以见到寻常的越南人用越南咖啡壶慢慢地滴滤咖啡的场景。

图 3-9　越南滴漏咖啡壶

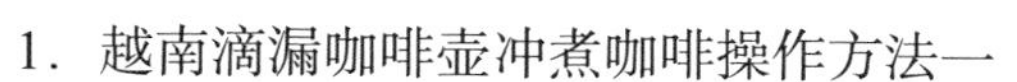

1．越南滴漏咖啡壶冲煮咖啡操作方法一

（1）将越南滴漏咖啡壶拆解开，将里面的筛网取出；

（2）在咖啡杯中倒入炼奶备用；

（3）将咖啡粉加入越南滴漏咖啡壶中并压紧，一人份约 10 ~ 15 克；

（4）将越南滴漏咖啡壶放到咖啡杯上，倒入少量热水，把咖啡粉都浸湿但不能让水滴下来，这个步骤在滤泡式咖啡里也会用到，专业术语叫作“闷蒸”，需要 20 秒左右；

（5）闷蒸 20 秒后，旋上筛网，倒入 95℃的开水，筛网旋得松紧会影响到萃取速度和咖啡浓淡。通常，旋得越紧，萃取时间越长，咖啡越浓。如果注水后觉得萃取过慢的话，可以将勺柄当起子用，把筛子适当旋松一些；

（6）待咖啡液全部滴入下方的咖啡杯中，用咖啡匙将炼奶与咖啡液搅拌均匀，一杯独具特色的越南咖啡就萃取完成了。

2．越南滴漏咖啡壶冲煮咖啡操作方法二

（1）将越南滴漏咖啡壶拆解开，将里面的筛网取出；

（2）在咖啡杯中倒入炼奶备用；

（3）将咖啡粉加入越南滴漏咖啡壶中并压紧，旋上筛网，一人份约10～15克；

（4）倒入95℃的开水，筛网旋得松紧会影响到萃取速度和咖啡浓淡。通常,旋得越紧,萃取时间越长,咖啡越浓。如果注水后觉得萃取过慢的话，可以将勺柄当起子用，把筛子适当旋松一些。

（5）待咖啡液全部滴入下方的咖啡杯中，用咖啡匙将炼奶与咖啡液搅拌均匀，一杯独具特色的越南咖啡就萃取完成了。

（八）半自动咖啡机冲煮咖啡

严格来说，半自动咖啡机才称得上专业咖啡机。因为一杯咖啡的质量不但与咖啡豆（粉）的质量有关，还与咖啡机自身有关，更与煮咖啡者的技术有关。而所谓的技术，无非是温杯、填粉和压粉。半自动咖啡机需要操作者本人进行填粉和压粉，每个人的口味不同，对咖啡的需求自然不同，经过操作者本人选择的粉量和压粉的力度可制成口味各不相同的咖啡。

1．半自动咖啡机的优点

半自动咖啡机的优点包括：不管多么频繁地制作浓缩咖啡，半自动咖啡机提取咖啡的水都是恒温的；在提取过程中泵压稳定；浓缩咖啡机最好有预浸段；蒸汽恒压且干燥，操作方便。

2．半自动咖啡机的使用方法

（1）首先把咖啡粉磨好，一般一把就能磨出一杯量的咖啡粉，磨好咖啡粉是一个关键。

（2）把咖啡粉放到半自动咖啡机的手柄凹槽里，用咖啡机上边的一个圆形压力器按压一下，只是轻压一下，力气不要过大，但也不能过小。注意：按压前，咖啡粉要在凹槽里平均地铺平，用手轻轻地震动几下就能够到达效果。

（3）把压好咖啡粉的过滤手柄装置到咖啡机中间出水的卡槽里，注意平行对齐、左右摆动就能扭进扣里边了。一定要扭紧扣，不然咖啡会从四周溢出来，因为这个出口的水压很大。

（4）最后一步就是等着咖啡机将咖啡冲泡好后放出来就可以了。

3．半自动咖啡机的每日清洁保养工作

（1）咖啡机机身清洁。每日开机前用湿抹布擦拭机身，如需使用清洁剂，请选用温和不具腐蚀性的清洁剂并将其喷于湿抹布上再擦拭机身（注意抹布不可太湿，清洁剂更不可直接喷于机身上，以防多余的水和清洁剂渗入电路系统，侵蚀电线造成短路）。

（2）蒸煮头出水口清洁。每次制作完成后，将手把取下并按清洗键，将残留在蒸煮头内及滤网上的咖啡渣冲下，再将手把嵌入接座内（注意：此时不要将手把嵌紧）按清洗键并左右摇晃手把以冲洗蒸煮头垫圈及蒸煮头内侧的咖啡渣。

（3）蒸汽棒清洁。使用蒸汽棒制作奶泡后，需将蒸汽棒用干净的湿抹布擦拭并再开一次蒸汽开关键，用蒸汽本身喷出的冲力及高温清洁喷气孔内残留的牛奶污垢，以维持喷气孔的畅通；如果蒸汽棒上有残留的牛奶结晶，可将蒸汽棒用装有八分满热水的钢杯浸泡，以软化喷气孔内及蒸汽棒上的结晶，二十分钟后移开钢杯，并重复前述操作。

（4）锅炉清洁。为延长锅炉的使用寿命，如果长时间不使用机器，请将电源关闭并打开蒸汽开关，锅炉内压力完全释放，待锅炉压力表指示为零、蒸汽不再喷出后，再清洗盛水盘和排水槽（注意：此时不要关闭蒸汽开关，等隔天开机后蒸汽棒有热水滴出时再关闭以平衡锅炉内外压力）。

（5）盛水盘清洁。开店前或使用前将盛水盘取下，用清水配合抹布擦洗，待晾干后装回。

（6）排水槽清洁。取下盛水盘后，用湿抹布或餐巾纸将排水槽内的沉淀物清除干净，再用热水冲洗，使排水管保持畅通。排水不良时，可将一小匙清洁粉倒入排水槽内，用热水冲洗，以溶解排水管内的咖啡渣、油。

（7）滤杯及滤杯手把清洁。每日至少一次将手把用热水润洗，溶解残留在手把上的咖啡油脂及沉淀以免蒸煮过程中部分油脂和沉淀物流入咖啡中，影响咖啡品质。

（8）冲泡系统及滤杯手把清洁。将任一滤杯手把的滤杯取下更换成清洗消毒用无孔滤杯；将一小匙清洁粉（2 ~ 3 克）置入滤杯中；将滤杯把手嵌入接座中并检查是否完全密合；再按下清洗键，约 2 ~ 3 秒后按停止键，如此重复数次后再将手把放松，按清洗键并左右摇晃手把以冲洗蒸煮头垫圈及蒸煮头内侧直至滤杯内的水变成干净无色的为止，清洁完成后，取下手把，按清洗键使冲泡系统内残留的清洁粉液流出，约 1 分钟后按停止键。试煮一杯咖啡，去除清洁后的异味。若有多个出水口，其他出水口亦重复上述步骤进行清洁保养工作。

4．用半自动咖啡机制作意式浓缩咖啡

意大利咖啡以浓郁香醇闻名于世，浓缩咖啡（Espresso）是最具代表性的意大利咖啡，犹如热情洋溢的意大利人一样。美国人称之为“Espresso”，这是为了充分地表达迅速萃取之意。起初，它在意大利、法国、西班牙等欧洲南部国家备受欢迎，后来席卷了整个美洲，成为最受欢迎的饮品之一。即使在素有“红茶国度”之称的英国，也随处可以闻到弥漫在空气中的浓缩咖啡的香气。

制作意大利浓缩咖啡所使用的咖啡豆的烘焙程度范围很大，可以用浅度烘焙的咖啡豆，也可以用重深度烘焙的咖啡豆。用不同烘焙程度的咖啡豆以半自动咖啡机制作的意式浓缩咖啡的风味不一样，浅度烘焙咖

啡豆制作的咖啡是偏酸的，香味淡，醇厚度欠佳；用重深度烘焙咖啡豆制作的咖啡，醇厚度好，香气好，偏苦。

将磨豆机调节到所需要的细度，研磨咖啡豆，咖啡豆研磨完毕之后，将咖啡粉放入手柄并将其压实。压实后的咖啡饼表面必须是平滑的，这样才可以保证咖啡得到均匀的萃取。如果压力不当或是不均，会导致咖啡的流速过快或者过慢。

在压好咖啡饼之后，将手柄嵌入咖啡机的萃取头上，并开始制作咖啡。咖啡机大多是半自动的，自身会设定不同的出水量，因此按下相应的按钮即可。如果使用的是手动咖啡机，则需要观察杯中咖啡的量来控制咖啡萃取的时间。

在萃取的过程中，水流的颜色会从深红色逐渐变为浅棕色，直至金色。制作完成的意大利浓缩咖啡上会浮有一层厚重的、带有深橘色或是偏红榛子色的咖啡油脂。油脂必须够厚，在撒糖时能够将糖托住几秒钟，有时油脂的表面会带有几缕深棕色，看起来就像是老虎身上的斑纹，这是上乘意式浓缩咖啡的标志。制作意式浓缩咖啡的相关参数为（双倍意大利浓缩咖啡）：咖啡粉为 14 克（精细研磨），压粉力度为 2.1 千克 / 平方厘米，水温为 92℃，水压为 9.28 千克 / 平方厘米，萃取时间是 25 ～ 30 秒，咖啡总量为 60 毫升。

制作意大利浓缩咖啡需要用到意式咖啡机，在过去，咖啡冲煮需要耗费很多时间，欧洲的发明者们希望借助蒸汽萃取来缩短冲煮时间。今天的意式咖啡机用加压热水流过咖啡粉饼，再通过滤器即可得到一杯浓浓的咖啡。在这个过程中最重要的就是掌控研磨、水温和压力之间的平衡点，这一点说起来容易，想要达到要求却非常难。

18 世纪末，意大利人 Angela Morioondo 首次设计并使用专利注册了当时最先进的用于制作咖啡饮料的蒸汽设备，使得咖啡制作更经济，也更方便。这台机器有一个大锅炉用于将水加热，并形成 1.5 帕的内压力，根据需求调整水量，借由另外一个锅炉产生的蒸汽冲过咖啡粉，最终完成冲煮。

1901 年，米兰设计师 Luigi Bezzera 首次注册了可以用于商业生产的意式咖排机的专利技术。后来，Deslderio Pavoni 使用了这项技术，在 1905 年 La Pavoni 公司首次正式生产了这种咖啡机。当时的咖啡机和今天常用的咖啡机具有很大差别，味道也常常伴有焦苦味，压力值的限制也导致咖啡没有浓厚的口感。Pavoni 在 Morioondo 机器上做了很多调整，如增加了粉碗，增设了多个冲煮头，等等。但是，受到当时能源技术的限制，这种咖啡机只能以燃气、焦炭或者木材作为燃料。在 1906 年的米兰博览会上，Pavoni 和 Bezzera 分别介绍了自己的咖啡机，自那之后，同类型的意式咖啡机开始在意大利纷纷出现。

1905 年，Pavoni 使用 Bezzera 专利技术所设计的咖啡机堪称当时的经典，其设计结合了新艺术概念和工业元素，利用曲线设计开创了咖啡机设计的先河。为了更好地满足意大利国内的需求量，咖啡出口量逐步减少。在当时，要买这样一台机器，价格还是很高的，喝这种咖啡似乎已经成为一种仪式，喝不到的人，也只能去寻找其他的替代饮料。在当时，这种意式咖啡绝对是特权阶级的象征，直到后来第一台常规咖啡机的出现。常规咖啡机采用了同侧冲煮头的设计，咖啡师可以站在咖啡机的一侧进行咖啡的制作，可以同时出品若干杯咖啡，新的设计还引入了类似温杯的功能，让咖啡制作变得更加方便。

早期的咖啡机，每小时的出品量可以达到 1 000 杯，但是主要依靠蒸汽来完成，这就注定了咖啡会有焦苦的味道，另外受到压力上限的限制，咖啡也没有油脂，所以当时的浓缩咖啡与今天定义的浓缩咖啡并不完全相同。随着电气时代的来临，蒸汽动力逐渐被淘汰，但当时还没有人尝试设计制作没有焦苦味道咖啡的设备。直到 20 世纪 30 年代，一名叫 Achille Gaggia 的米兰咖啡师设计了一台带有活塞压杆的咖啡机，开启

了咖啡机设计的又一扇大门,人类首次超越了2帕这一极限。更重要的是，在高压的条件下，咖啡出现了油脂（Crema）。但是不幸的是，随着战争的爆发，这项设计专利不得不暂时被人们遗忘。后来在1948年，Achille Gaggia将这项专利技术的使用权转让给了当时的FAEMA公司，而正是这一举动最终开启了意式咖啡机的革命，新型咖啡机将水压提升到了912千帕。

在20世纪50年代，咖啡还是一种特权阶级的享用品，而对于一个普通意大利人来说，咖啡可以被看成是一种奢侈品。人们对于咖啡机的外观设计投入了更多的精力，使其看起来更具美感，很快意式咖啡机就成了很多咖啡店的必要装备。

1962年，水泵首次被使用在咖啡机中。FAEMA在1961年推出的Tartruga机型上使用了水泵，借助水泵，水压可以达到9帕，这是制作出带有乳化油脂的咖啡的关键要素。使用一台电子泵将水压入热交换器，从而加热到设定的冲煮温度。因为冲煮头不再用来降低水温，所以流出的水必须达到指定的冲煮温度。在这一原理指导下设计的冲煮头，就是E61冲煮系统（Eclissi 61），其名称的由来是当年发生在意大利的全日食。热交换器的设计使得水温能够保持在合适的冲煮温度范围内，这一技术革新配上流线型的外观设计，使得E61机型一下成为众人追捧的咖啡机，也成为咖啡机革命史上的一块里程碑。

20世纪80年代时，电子工业和计算机技术的发展让意式咖啡机可以更轻松地制作出高品质的意式浓缩咖啡，而意式咖啡机也毋庸置疑地成为世界咖啡文化的标签。

第三节　花式咖啡品饮

享受咖啡本来很简单，只要选择自己喜爱的一种或者几种咖啡豆即可，但是简约的风格未必适合所有人，人类不仅以色彩斑斓的想象力创造了不同的方法和工具来冲泡咖啡，还发现在咖啡中加入简单的牛奶、巧克力或者更为复杂的东西，如酒、茶、水果，甚至香料，可以瞬间改变咖啡的味道，做出各种各样的花式咖啡。

一、卡布奇诺咖啡

卡布奇诺是一杯很挑剔的咖啡，第一层是奶泡，它温和了浓缩咖啡强烈的苦，品饮时可以享受到奶泡紧实的感觉，还可以从香、甜、浓、苦的滋味里，感受到热情与浪漫。单单一杯咖啡则只有苦的味道，仅仅只有咖啡伴侣则淡而无味，但如果咖啡加上了伴侣，就成了又香又醇的咖啡。一杯完美的卡布奇诺与爱情有着千丝万缕的联系，爱情犹如卡布奇诺上漂浮的奶泡，不但可以中和生活的苦，更充满了爱的浪漫风情。

（一）卡布奇诺的由来

卡布奇诺的由来一直是欧美国家学者研究文字变迁的最佳体裁，关于“Cappuccino”一词的由来，有两种说法。

一种说法来自创设于1525年后的圣芳济教会的僧侣（Capuchin），当时这些僧侣们都穿着褐色的道袍，头戴一顶尖尖的帽子。圣芳济教会刚传到意大利时，当地人觉得僧侣的服饰很特殊，就给他们取了“Cappuccino”的名字，此词的意大利文是指僧侣所穿的宽松长袍和小尖帽，源自意大利文“头巾”，即“Cappuccio”。

由于意大利人酷爱咖啡，他们发觉浓缩咖啡、牛奶和奶泡混合之后，颜色就像僧侣所穿的深褐色道袍，于是，就给牛奶加咖啡又有尖尖奶泡的饮料取名为“Cappuccino”。英文最早使用此词的时间是1948年，当时旧金山的一篇报道率先介绍了卡布奇诺饮料，一直到1990年以后，它才成为世人耳熟能详的咖啡饮料。可以这么说，“Cappuccino”这个词源自圣芳济教会的僧侣（Capuchin）和意大利文的头巾（Cappuccio）。

还有一种说法称，Cappuccino 这个名字与一种猴子的名字有关。在非洲，有一种小猴子，头顶上有一撮黑色的锥状毛发，很像圣芳济教会僧侣道袍上的小尖帽，这种小猴子也因此被取名为“Capuchin”，此名称最早于 1785 年被英国人开始使用。“Capuchin”一词在数百年后衍生成咖啡饮料名一事，一直是文字学者所津津乐道的趣闻。

（二）卡布奇诺的制作

首先要做出意式浓缩咖啡，用意式浓缩机打奶泡，先不要将蒸汽管伸进牛奶中，因为蒸汽管中可能有一些凝结的水汽，所以在准备打奶泡之前，需要先放一放汽以排出管中多余的水分。然后慢慢地把蒸汽喷嘴的位置调整到埋入牛奶表面一点点的地方，但是千万不要高于液面，否则牛奶会溅得到处都是。当位置正确的时候会听到一种平稳的“嘶嘶”声，牛奶液面也会开始旋转，如果蒸汽管放置的位置不对，就会发出很大的声音或是几乎没有声音，而牛奶液面有可能出现大泡不断的情况。当奶泡已经持续绵密之后，再将蒸汽管埋深一点，让蒸汽继续给牛奶加温。蒸汽管埋的角度最好刚好可以使牛奶旋转。当温度达到 60 ~ 65 ℃，手感觉到微烫的时候，就可以关掉蒸汽开关了。用湿抹布将附着在蒸汽管上的牛奶擦干净，同时再放一放蒸汽，让蒸汽管中残留的牛奶随蒸汽一起喷出，以免牛奶干了之后堵塞蒸汽管。

慢慢地将打好的奶泡倒入刚完成的意式浓缩咖啡中。当倒入的奶泡与意式浓缩咖啡已经充分混合时，表面会呈现浓稠状，这时候可以拉花。左右晃动拿着拉花杯的手的手腕，重点在于稳定地让手腕做水平的晃动，这个动作纯粹只需要手腕的力量，不要整只手臂都跟着一起动。当晃动正确时，杯子中会开始呈现出白色的“之”字形奶泡痕迹。再逐渐往后移动拉花杯，并且缩小晃动的幅度，最后收杯时往前一带顺势拉出一道细直线，画出杯中叶子的梗作为结束，如图 3-10 所示。

图 3-10　卡布奇诺咖啡

二、爱尔兰咖啡

爱尔兰咖啡中带有一股威士忌浓烈的熏香味，它是含酒精咖啡的代表，爱尔兰威士忌的加入，让人们在品味咖啡的同时能够感受到酒精的浓烈。威士忌的麦芽香气混合了咖啡香而形成一种特有的香味，在咖啡的甘醇中夹杂了酒精的刺激，别有一番华贵的浪漫气息。

（一）爱尔兰咖啡的由来

实际上，爱尔兰咖啡是一种鸡尾酒，一种适合在静谧、寒冷的环境下独饮的、热的鸡尾酒。不过，颇为有趣的是，在酒吧的酒单上很少能看见它，而几乎在每家咖啡店里都有它的身影。也许这正是爱尔兰咖啡独特的魅力，一杯爱尔兰咖啡就像冬晨冉冉升起的太阳，它会让你全身很快地泛起暖意，思绪也会不由自主地开始随意飞扬。

德国某机场的一个酒保邂逅了一个长发飘飘、气质高雅的空姐，她那独特的神韵犹如爱尔兰威士忌般浓烈，久久地萦绕在他的心头，倾心已久的他十分渴望能亲自为她调制一杯爱尔兰鸡尾酒。可惜的是，这位漂亮的空姐每次来到吧台，总是随心情点着不同的咖啡，而从未点过鸡尾酒，这令酒保很是沮丧。不过，由衷的思念让他顿生灵感，经过无数次的试验及失败，他终于把爱尔兰威士忌和咖啡巧妙地结合在了一起，调制出一种香醇浓烈的咖啡，并为它取名为“爱尔兰咖啡”。

酒保心里非常清楚，这位空姐在他这里从未点过鸡尾酒，应该是因为不太喜欢酒味，但威士忌可是刺喉的烈酒，因此他必须想办法让酒味变淡，却不能降低酒香与口感。这个酒保花了很多心血来创造爱尔兰咖啡，首先，要将爱尔兰威士忌与咖啡完全融合，就有很高的难度，需要将威士忌与咖啡的比例控制得当。除此之外，盛咖啡的杯子也要仔细揣摩，因为咖啡杯的温度是体现咖啡完美口味的必要环节，因此他在烤杯的过程中，非常注重火候的控制。总之，制作一杯爱尔兰咖啡对威士忌的选择、咖啡与威士忌的比例以及杯子和冲泡法等都具有非常严格的要求，唯独对咖啡的选择比较随意，只要又浓又热就好。为什么会这样？除了因为这个空姐并没有特别喜爱的咖啡外，也代表着另一种形式的包容。不管对威士忌如何挑剔，对咖啡而言，却总是很宽容。

酒保将爱尔兰咖啡研制成功之后，便将其加入了酒单里，希望这位空姐能够发现。可惜这位空姐一直都没有发现爱尔兰咖啡，而酒保也从未提醒过她，只是在吧台里做着自己的工作，然后期待这位空姐光临。从酒保发明爱尔兰咖啡，到女孩点爱尔兰咖啡，经过了多久？整整一年的时间。第一次替女孩冲泡爱尔兰咖啡时，酒保因为激动而流下了眼泪。因为怕被她看到，他用手指将眼泪擦去，然后偷偷用眼泪在爱尔兰咖啡杯口画了一圈，所以第一口爱尔兰咖啡的味道，带着思念被压抑许久后所发酵的味道。而女孩也成了第一位点爱尔兰咖啡的客人。那位空姐非常喜欢爱尔兰咖啡，此后只要一停留在这个机场，便会到酒保的店里点一杯爱尔兰咖啡。

久而久之，他们两个变得很熟，空姐会跟酒保说起世界各国的趣事，酒保则教她冲泡爱尔兰咖啡。直到有一天，她决定不再当空姐，他最后一次为她冲泡爱尔兰咖啡时就问了她一句：需要加眼泪吗？因为他还是希望她能体会到思念发酵的味道。

当这位漂亮的空姐回到旧金山之后，有一天她突然想喝爱尔兰咖啡，找遍所有的咖啡馆都没发现有这种咖啡，她才终于意识到，原来爱尔兰咖啡是酒保专为她而创造的，不过她却始终不明白为何酒保会问她“需要加眼泪吗”。没过多久，这个女孩开了一家咖啡店，也卖起了爱尔兰咖啡。渐渐地，爱尔兰咖啡便开始在旧金山流行起来。

（二）爱尔兰咖啡的苦涩与甜蜜

威士忌（Whisky）是用大麦酿造而成的，它的创始人是爱尔兰与苏格兰的凯尔特人。“Whisky”一词即来自凯尔特语，意思是“生命之水”。爱尔兰人最了解威士忌，了解威士忌所拥有的独特而浓烈的熏香味和淡淡的甜味，在咖啡中加入威士忌可以很好地衬托出咖啡的酸甜味道。威士忌挥发出的酒精与咖啡散发出的香气混合，让人感到一丝成熟的忧郁，在阴雨绵绵的深冬之夜，喝上一杯热热的爱尔兰咖啡，是一种美妙的享受。

（三）爱尔兰咖啡的调制

爱尔兰咖啡是一种既像酒又像咖啡的饮料，原料是爱尔兰威士忌和咖啡，配以特殊的咖啡杯和特殊的冲泡法，认真而执着，古老而简朴。

调配爱尔兰咖啡要用坚固的玻璃葡萄酒杯或是高脚的厚壁玻璃酒杯。首先向玻璃酒杯中倒入热水，反复几次后，玻璃杯就会变热。最后几次用热水冲洗杯子的时候，要将一柄小咖啡匙放入酒杯一同预热。将砂糖、爱尔兰威士忌和黑咖啡按顺序倒进玻璃杯中，用咖啡匙搅拌，使糖充分溶解，这时仍然将小咖啡匙保留在玻璃杯中。最后，也是最巧妙的部分，是将一团奶油放在咖啡的顶端，让奶油顺着咖啡匙柄的背面滑到咖啡中，这时，咖啡匙的尖端仍然留在咖啡中。加热的咖啡匙放在咖啡中有助于保持表层奶油的形状。在加入奶油后就不要再搅动咖啡了，奶油的厚度以 1 厘米为最佳。

调配爱尔兰咖啡的过程本身就是一种享受。当你把爱尔兰威士忌倒

入热玻璃杯的瞬间，酒精会因为受热而挥发出来，满室飘荡着酒香，令人身心陶醉；紧接着倒入滚烫的黑咖啡，咖啡遇到威士忌的一刹那，迸发的美妙气味会让人忘记生活中所有的烦恼。

如果你不胜酒力，一杯爱尔兰咖啡对你来说就足够了；即使你酒量很好，一杯爱尔兰咖啡也完全能让你有飘飘欲仙的感觉，因为，酒不醉人人自醉。

三、皇家咖啡

咖啡与奶油的结合总会让人觉得暧昧，咖啡与威士忌的结合让人充满无限的激情，当咖啡与白兰地相遇时，你会发现咖啡变得高贵起来，这正是皇家咖啡流行于世的真正奥秘。皇家咖啡如绅士般的气质，静静地在四周扩散着，任何人都禁不住炫目于它那脱俗的品位。什么是静谧？什么是高贵？什么是优雅？所有的答案，都在一杯皇家咖啡里。

当你品尝皇家咖啡时，会感觉到自己仿佛拥有欧洲皇家贵族般高贵而浪漫的情调，咖啡中那纯正的法国白兰溢出的醇醇酒香，定会令你陶醉不已。

（一）拿破仑的最爱

在西方的历史上，没有哪个人像拿破仑这样如此长久地获得过人们的赞誉。他以个人非凡的努力，从普通的科西嘉岛民成为法兰西人的“皇帝”，叱咤欧洲二十余年。他所建立的荣耀使得法兰西人在欧洲赢得了前所未有的尊敬。

拿破仑一生酷爱喝咖啡，他形容喝咖啡的感受是，“适当数量的浓咖啡会使我兴奋，同时赋予我温暖和异乎寻常的力量。”远征俄罗斯时，由于天气极为寒冷，征战中的拿破仑为了驱寒，命人在咖啡中加入白兰地以取暖，因而发明了这道极品咖啡。而这种咖啡后来也随着拿破仑的威名流传开来，一时间，在欧洲各个国家的宫廷里，这种咖啡广为流行，人们喜欢把它称为“皇家咖啡”，因为只有这个名字才能与拿破仑的威名相匹配。

随着时间的推移，高贵的皇家咖啡已成为法国最具代表性的咖啡之一，备受人们的推崇。有些人在品尝咖啡的时候并不喜欢放咖啡伴侣或者奶精，觉得这样会使咖啡的味道太过妩媚，破坏了咖啡本身的浓烈香气。而这款将咖啡香气与白兰地的醇厚酒香搭配在一起的饮品，简直做到了天衣无缝，白兰地的芳醇与方糖的焦香，再加上浓浓的咖啡香，苦涩中略带甘甜。糖不能放得太多，咖啡苦涩的味道就像人生，会品尝的人能从苦涩中品出甘甜，那唇齿间的留香也会让人意犹未尽。

（二）皇家咖啡的制作

咖啡冲泡好后，在杯上放一支前面带钩的小匙，然后放一颗方糖或者少许白砂糖于匙内，将白兰地沿着方糖或者白砂糖上方倒入小匙内，使白兰地充分浸透方糖或白砂糖。接着在方糖或者白砂糖上点火，使白兰地徐徐燃烧，方糖或者白砂糖缓缓散发出诱人的焦香甜味。待酒精完全挥发后，将小匙放入杯内搅拌均匀即成。

在咖啡中加入酒，是咖啡的另一种品尝方法。咖啡适合与白兰地、伏特加、威士忌等各种酒类调配，尤其适合与白兰地调配在一起。白兰地一般是将葡萄发酵后，再次蒸馏而制成的酒，其与咖啡调和出的苦涩、略带甘甜的口味，不仅是男士的最爱，也深受女性欢迎。

四、维也纳咖啡

（一）维也纳咖啡的闲时品饮

如果说维也纳咖啡（见图 3-11）是一片夏日阳光下的热海，那么浮在其上的鲜奶油，就是令人感觉清亮消暑的浪花。喝维也纳咖啡的技巧，在于不搅拌，享受材料慢慢交融变化的三段式乐趣：先品啜上面的冰凉

鲜奶油，接着是滚烫的热咖啡，最后是将溶未溶的糖浆。如此，便会感到一杯维也纳咖啡既是热情的，也是冷静的，形式简单却内涵深远。一杯可以在下午三点享受的“人文咖啡”，解放的不只是人们的感官，更深及大脑皮层的思考。对咖啡本身，要有艺术家一般的要求，呈现纯粹又执着完美；对于咖啡的意境，要有哲学家一般的思考，追求真理又不失浪漫。品尝这款咖啡的人喜欢其装盛的意境，追求奥地利维也纳皇家的质感。

图 3-11　维也纳咖啡

关于维也纳咖啡的由来有很多种不同的说法，其中有一个流传得最广：在很久以前，有一位名叫爱因 • 舒伯纳的敞篷马车车夫，他来自维也纳。在一个寒冷的夜晚，他一边等待着主人归来，一边为自己冲泡咖啡，那一刻他不禁想起了自己家中温柔的妻子一点一点为他搅拌咖啡里的糖和奶油时的情景，马车夫沉醉其中，不知不觉中往杯子里加了很多的奶油，却没有搅拌……

它是慵懒的周末或是闲适的午后最好的伴侣，喝上一杯维也纳咖啡就是为自己创造了一个绝好的放松身心的机会。但是，由于含有太多糖分和脂肪，维也纳咖啡并不适合减肥者。如果巧克力是你的至爱，美式的维也纳咖啡一定能满足你所有的愿望。美式维也纳咖啡较欧式维也纳咖啡含有更高的热量，最好能搭配清淡的食物一起享用。

（二）维也纳咖啡的制作方法

维也纳咖啡是奥地利最著名的咖啡，以浓浓的鲜奶油和巧克力的甜美风味迷倒了全球各地的咖啡爱好者，雪白的鲜奶油上散落着色彩缤纷的七彩米，隔着甜甜的巧克力糖浆、冰凉的鲜奶油啜饮滚烫的热咖啡，更是别有一番风味。

维也纳咖啡的制作方法如下。

（1）奶油打发后放入冰箱里冷藏备用；

（2）在咖啡杯里加入一点糖浆；

（3）将咖啡豆用磨豆机磨成细细的咖啡粉；

（4）用全自动咖啡机萃取半杯咖啡，将咖啡液体倒入咖啡杯里；

（5）在咖啡的表面加入鲜奶油，可以做成自己喜欢的图案；

（6）将适量的巧克力酱淋在鲜奶油上，再撒上一点七彩米。

五、拿铁咖啡

拿铁是意大利文“Latte”的译音，拿铁咖啡是花式咖啡的一种，它是意大利浓缩咖啡与牛奶的经典混合，意大利人也很喜欢把拿铁作为早餐的饮料。与其说意大利人喜欢浓缩咖啡，不如说他们喜欢牛奶，只有咖啡才能使普普通通的牛奶给人带来难以忘怀的味道。

（一）拿铁咖啡飘散出的生活艺术

一杯地道的拿铁咖啡（见图 3-12）的配制比例是牛奶 70%、奶泡 20%、咖啡 10%。虽然咖啡的成分最少，但却决定了这款饮品的名字叫咖啡。有时候，少数不一定服从多数，少数在特定的环境中也能成为主角。

很多人都喜欢喝拿铁咖啡，他们的性格似乎与拿铁咖啡也有几分相像。有人说，“拿铁咖啡性格”代表了一种时尚，不过“拿铁咖啡性格”

更像道教里所说的那样，讲求内心与外界的融合，非常符合中国人的传统性格。具有“拿铁咖啡性格”的人不像“小资”那样追求别人的赏识、追求刻意，他们比较随意，是那种将传统和前卫融为一体的都市一族。他们也有先锋的一面，过自己喜欢的生活，不被他人所左右，同时他们也不排斥传统。那些具有“拿铁咖啡性格”的人的生活有着特定的物质符号。或许，他们生活在郊外或小镇上，住成排的别墅，不住孤立的别墅，也不住喧闹的社区；他们没有跑车，但会有辆家用的吉普；他们喜欢棉麻制品，选择穿着格子衬衫和T恤，方便快捷，而且在正式场合上也可以穿；他们吃风味小菜，从不去喝那些令他们难以理解的红酒，而只喝自家酿造的酒;他们的喜悦不在明天和别人那里，星期几就是星期几，自己就是自己。

图 3-12 拿铁咖啡

拿铁咖啡一族就是这样简单，只做他们自己想做的事，他们独立地生活，即使那样的生活并不十分富有，但那是他们自己选择的；他们尽情地享受，尽管那享受可能只是杯清茶，但那是他们喜欢的。拿铁咖啡一族，其实就是在用自己的思维方式给生活这杯苦咖啡注入一缕温暖的奶香，他们让原本不易的、枯燥的生活在不经意间焕发出一种香甜和芬芳，平添了对生活的热爱，谁又能说这不是一种生活的艺术呢？要做，就做个拿铁咖啡吧，芳香了自己，也感染了他人。

（二）拿铁咖啡的制作方法

（1）以热水浸泡杯子（温杯），使其温度上升后，再倒掉多余的水分备用。

（2）研磨深烘焙的咖啡豆，将咖啡粉倒进填压器内，用压棒将咖啡粉压平，再将填压器扣住意式咖啡机，萃取出意式浓缩咖啡。

（3）取适量牛奶，将其置于意式浓缩咖啡机的蒸汽喷嘴下，加热为热牛奶。

（4）将热牛奶倒进杯中。

（5）将杯子上下摇晃，使奶泡上升。

（6）最后将意式浓缩咖啡缓缓地倒进杯中。

六、土耳其咖啡

当以意大利浓缩咖啡为基底做出的拿铁和卡布奇诺横扫全球之际，还有一种咖啡是我们绝对不能忽略的，它就是土耳其咖啡。真正喝咖啡的行家认为，只有土耳其咖啡才能算作真正的浓缩咖啡。欧洲人挡得住土耳其的弓刀，却挡不住土耳其的咖啡。

咖啡最早虽然是从也门传出的，但土耳其是第一个将咖啡饮料世俗化的国家，当年土耳其奥斯曼帝国的士兵在欧陆作战，撤退时留下数麻袋咖啡，欧洲人原先以为那是骆驼饲料，后来发觉这些小豆子是土耳其士兵的提神剂，而且味道也不错，西方国家因此染上咖啡瘾。土耳其堪称欧洲人的咖啡启蒙老师。

咖啡最原始的用法是煮着喝的，可是，随着时光的流逝，如今人们喝的咖啡都被拿铁咖啡、卡布奇诺咖啡或其他类的花式咖啡所替代，能喝到正宗的土耳其咖啡的人却是越来越少。

（一）讲究的土耳其咖啡

土耳其咖啡之所以越来越少，其原因就是它那独特的冲泡方法，烦

琐的程序令所有商家都望而却步。如今，土耳其的一些餐厅也都一窝蜂地引进意大利浓缩式及美国漩泡式冲泡法，而逐渐抛弃土耳其较花工夫的传统冲泡法。尽管传统的土耳其咖啡馆很少出售土耳其咖啡，不过传统的土耳其咖啡在乡间小镇里依旧盛行。

土耳其咖啡的冲泡方法和意大利浓缩咖啡的冲泡方法大不相同，土耳其咖啡从原料的挑选、烘焙、研磨到冲泡都十分讲究。咖啡豆一定要采用重烘焙的，而更重要的是咖啡粉要磨得和面粉一样细，否则绝对泡不出地道的土耳其咖啡。可以这么说，土耳其咖啡粉所要求的细度是各式泡法中之最，入口的稠度也高于浓缩咖啡。咖啡豆经过仔细挑选后，放在铁镬内烘焙，要受热均匀，熟透而不焦黑，颜色正而味香才行。然后把烘焙好的咖啡豆磨成细粉。冲泡咖啡时要使用一种叫作“杰夫泽”的长柄小铜勺，先在铜勺内放一汤匙咖啡和适量的糖，然后加冷水在炭火上用文火慢煮，使咖啡和糖完全溶化。这时，混合物表面会出现一层黄色的泡沫，将泡沫倒入一个咖啡杯后继续烧煮，直到煮沸，将煮沸的咖啡倒入盛有泡沫的杯内，这样一杯美味的土耳其咖啡就做好了。

意大利浓缩咖啡是靠高压机器冲泡而成的，只需二十几秒就制作完了，因此在土耳其人眼中，意大利浓缩咖啡是不入流的速食咖啡。

土耳其咖啡不但冲泡方法原始，而且喝法也很原始。由于土耳其咖啡是不过滤的，因此不但表面上有黏黏的泡沫，而且杯底还有咖啡渣。在中东，受邀到别人家里喝咖啡，代表了主人最诚挚的敬意，因此客人除了要称赞咖啡的香醇外，还要切记，即使喝得满嘴都是咖啡渣，也不能喝水，因为那表示咖啡不好喝。

土耳其咖啡的冲泡方法不仅流行于土耳其，中东地区和希腊也都使用相同的方法，因此有些咖啡专家称其为中东式泡法，这样似乎更公平。因为土耳其和希腊有“世仇”，如果你到希腊去旅游，看到当地人以小铜勺冲泡咖啡，就说“来一杯土耳其咖啡”，那么你很可能会换来两颗白眼珠。

美国著名小说家马克•吐温曾这样描述自己喝土耳其咖啡的感受:“我一口喝下又浓又苦的咖啡，虽然只是那么小小的一杯，那些咖啡渣却固执地堵在我的喉咙和胸口，使我呼吸不顺，足足咳了半个小时……”土耳其有句谚语，“喝你一杯土耳其咖啡，记你友谊40年”。如此说来，喝杯土耳其咖啡真的能让人终生难忘。

土耳其咖啡虽然原始古朴，但也是很讲究的。当地人甚至还有一套讲究的咖啡道，就如同中国的茶道一样：喝咖啡时不但要焚香，还要撒香料、闻香，琳琅满目的咖啡壶具更充满了天方夜谭式的风情。土耳其咖啡的浓稠度居各式咖啡之冠，这和超细咖啡粉以及多次沸腾的熬煮方法有关。土耳其咖啡要将咖啡豆磨成细粉后放入金属器皿内加水熬煮，经过几次沸腾，煮成香气四溢的浓稠状，才算大功告成，很费工夫，技术好的话还可煮出深褐色的咖啡泡沫。土耳其人和希腊人特别重视这层泡沫，据说，古时男子登门提亲，女方一定会考考求婚者煮咖啡的技术，如果煮不出泡沫，就表示能力不够，是很丢人的事情。

当地还有一个有趣的习俗，如果男子将咖啡喝完，并将空杯子放回女孩子手上的托盘，就表明他愿意娶她为妻。英国王储查尔斯曾对土耳其东部的马尔丁进行了旋风式的访问，东道主安排了丰富多彩的参观活动。在休息的时候，一位年轻美貌的当地女子给查尔斯端上了当地的传统咖啡。查尔斯刚尝了一口，马尔丁省长就提醒了他当地的习俗规定。听完，查尔斯将仍装着大半杯咖啡的杯子还给那个女子，并开玩笑地说道：“你差一点儿就成为英国王妃了。”

（二）预言吉凶的土耳其咖啡

咖啡占卜是对土耳其咖啡独特魅力的一个体现。一般坊间的咖啡是不能用来占卜的，因为咖啡占卜是在喝完咖啡之后，以所剩下的残渣、形状或图案来预言吉凶，因此只有土耳其咖啡才可以用来占卜。咖啡占卜的原理类似心理学中的罗莎墨渍测验，更多的是一种娱乐、一种游戏。

土耳其人相信，每个人每天的运气是不一样的，所以也就衍生出一些特殊的占卜方法。加上他们喝咖啡的历史颇长，久而久之就出现了咖啡占卜法。

另外，还有一种说法，因为土耳其人好客，热情，他们对于来客莫不热情招待，为了能在酒足饭饱后将客人多留一会儿，就发明了咖啡占卜，借以闲聊、谈八卦，此后就出现了以咖啡残渣预言吉凶的传统。而这种游戏也深受欧洲女性的欢迎，她们喝完咖啡后常常聚集在一起玩咖啡占卜。

咖啡占卜可以自己独自进行，也可找学有专精的咖啡占卜师为自己进行占卜。在希腊或是土耳其，人们经常能在咖啡店中看到一些专门为人解惑的咖啡占卜师。

占卜方法是慢慢地品尝完咖啡，然后将盘子盖在咖啡杯上；将杯盘稍微摇晃下，心中想着要占卜的问题，然后再将杯盘小心地倒扣过来；将杯盘静放于桌上，等待杯底的温度冷却；将杯子小心地打开后，就可以针对杯中的图案进行占卜了。也可以用盘子上的水流进行许愿、占卜。

七、欧蕾咖啡和摩卡咖啡

（一）欧蕾咖啡

牛奶和咖啡相遇，碰撞出一种闲适自由的心情，这很像法国人的性格。欧蕾咖啡可以被看成是欧式的拿铁咖啡，它与美式拿铁和意式拿铁不太相同。欧蕾咖啡是一杯香滑的法式牛奶咖啡，一半的咖啡加上一半滚烫的牛奶，厚重的香气瞬间舒展出单纯的温暖。这种咖啡适合刚刚尝试喝咖啡的人，再揉入法式风情，可使人的紧张情绪顿时消散，恢复生机。在法国，这种被加入了大量牛奶的花式咖啡是早餐的好伴侣，搭配可颂面包，就是简单而满足的一餐。

将牛奶倒入锅中煮沸，煮沸的牛奶以滤纸过筛，使其表面的薄膜及泡沫被滤掉。左手拿牛奶，右手拿咖啡，将牛奶和咖啡同时倒入大的咖啡杯中，一杯欧蕾咖啡就制作完成了。它滋味鲜滑，在咖啡的醇厚中，还飘散着浓郁的牛奶香，很受女性欢迎。

（二）摩卡咖啡

摩卡咖啡驯服了 Espresso 的浓烈，包容了巧克力的甜美，更融合了牛奶的柔滑。巧妙的喝法是一口就可以喝到杯中的全部内容,牛奶在舌根，巧克力在舌中，浓缩咖啡在舌尖，瞬间就能体会到包容的乐趣。

有人说摩卡是某个产地，而在某些人的印象里，摩卡是甜甜的巧克力咖啡。事实上，正宗的摩卡咖啡只生产于阿拉伯半岛西南方的也门，它生长在海拔 915 ～ 2 440 米的陡峭山侧地带,也是世界上最古老的咖啡。

摩卡咖啡得名于著名的摩卡港。15 世纪时，也门的摩卡是当时红海附近的主要输出商业港，当时，只要是集中到摩卡港再向外输出的非洲咖啡都被统称为摩卡咖啡。后来，新兴的港口虽然代替了摩卡港的地位，但是摩卡港时期摩卡咖啡的产地依然保留了下来，这些产地所产的咖啡豆仍被称为摩卡咖啡豆。

随着意大利花式咖啡的诞生，人们尝试着向普通咖啡中加入巧克力来代替摩卡咖啡，这就是现在大家常常能够喝到的花式摩卡。传统的意大利花式摩卡咖啡使用巧克力浆作为原料，而随后由于摩卡咖啡广受欢迎，许多人在家庭制作的过程中以巧克力末代替了巧克力浆。今天，制作摩卡咖啡除了用黑巧克力外，还会使用牛奶巧克力。

与卡布奇诺浓厚的牛奶泡沫不同，摩卡的顶部没有牛奶泡沫，取而代之的是鲜奶油，并加入可可粉和肉桂。蜜饯有时也被当作装饰品放在摩卡咖啡的顶部。所以，所谓的摩卡咖啡，其实是对摩卡豆咖啡和花式摩卡咖啡的统称。到咖啡厅点摩卡咖啡的时候，一定要注意这一点，以

免所点的咖啡并不是自己心目中的那种摩卡咖啡。

摩卡咖啡的做法是：做一小杯意大利浓缩咖啡备用；将巧克力浆倒入温热的咖啡杯中；在咖啡杯里倒入意大利浓缩咖啡，然后加入等量的热牛奶；在上面覆盖上一些打成泡沫的奶油，然后撒上甜可可粉，放上肉桂棒。

复习思考题

1. 传统咖啡杯可分为哪 3 种？市面上常见到的咖啡杯材质有哪些？
2. 简述喝咖啡的礼仪和咖啡服务的仪容、仪表、仪态等基本常识。
3. 如何体现动态活动过程中的形态美？
4. 咖啡服务的礼仪要求有哪些？
5. 品饮咖啡有哪些基础知识？
6. 要如何选择咖啡碾磨机？
7. 碾磨粒度与之对应的冲煮器具是什么？
8. 咖啡豆碾磨的注意事项有哪些？
9. 冲泡咖啡前要做哪些准备工作？
10. 简述咖啡萃取方法。
11. 水质、水温、接触时间和热水流（量）对咖啡萃取有什么影响？
12. 简述虹吸壶的起源、煮制咖啡的秘密和煮制咖啡的操作方法。
13. 滤纸滴漏器由哪些部件组成？
14. 上座（滤杯）类型和温度对冲泡咖啡有什么影响？
15. 简述滤纸滴漏器冲煮咖啡的操作方法。
16. 比利时皇家咖啡壶和摩卡咖啡壶的特点是什么？
17. 简述土耳其咖啡壶冲煮咖啡的特点。

18．简述法式压滤咖啡壶和越南滴漏咖啡壶冲煮咖啡的操作方法。

19．简述半自动咖啡机的使用方法。

20．简述意式浓缩咖啡的制作方法。

21．简述卡布奇诺咖啡、爱尔兰咖啡、皇家咖啡、维也纳咖啡、拿铁咖啡、土耳其咖啡、欧蕾咖啡和摩卡咖啡的特点。

第四章 各国咖啡文化

学习目标：

1. 掌握埃塞俄比亚咖啡文化、法国咖啡文化、巴西咖啡文化、哥伦比亚咖啡文化景观状况和我国咖啡文化。

2. 熟悉肯尼亚咖啡文化、美洲咖啡种植区、美国咖啡文化和越南咖啡文化。

3. 了解德国咖啡文化、印度尼西亚咖啡文化、牙买加咖啡文化、夏威夷咖啡文化、澳大利亚咖啡文化和日本咖啡文化。

4. 理解咖啡经历的三次咖啡浪潮、意大利咖啡文化和哥伦比亚咖啡品质特征。

5. 了解维也纳中央咖啡馆。

第一节　非洲咖啡文化

世界上的第一株咖啡树是在非洲之角发现的，那时，当地的土著部落经常把咖啡的果实磨碎，再把它与动物脂肪掺在一起揉捏成许多球状的丸子，这些土著部落的人将这些咖啡丸子当成珍贵的食物，专供即将出征的战士享用。当时，人们不了解食用咖啡后表现亢奋是怎么回事，因此觉得这种植物非常神奇，由此咖啡成了医生的专用品。

非洲作为咖啡的发源地，一直生产着世界顶级的咖啡，其香气独特芬芳，口感狂野，多半带点红酒酸，尤以埃塞俄比亚的哈拉和蒂吉马两个产区产出的优质摩卡豆为代表，那种水果或葡萄酒香味是其他咖啡所达不到的；而耶加雪菲咖啡豆的绝妙美味更是展现出了比其他地区的阿拉比卡咖啡豆更多的明亮活泼的酸质；肯尼亚 AA+ 也是非常知名的顶级咖啡豆之一，这些特质为非洲的咖啡文化增添了亮丽的色彩。

一、埃塞俄比亚咖啡文化

在全世界众多的咖啡产地中，埃塞俄比亚可以说是最特别的一个。在埃塞俄比亚，人们发现了野生咖啡树，有无数咖啡爱好者为之着迷的咖啡豆，耶加雪菲、西达摩、哈拉等咖啡豆都是埃塞俄比亚的骄傲。

目前，埃塞俄比亚是非洲最大的咖啡生产国，当地 60% 的咖啡豆都会用于出口。

（一）埃塞俄比亚不一样的喝咖啡方式

在埃塞俄比亚，咖啡已经成了人们生活的一部分，对于当地人而言，咖啡不仅是一种饮品，更是一种信仰。当地有一种仪式被称为“咖啡仪式”，包括炒咖啡豆、捣咖啡粉、煮咖啡及喝咖啡等过程，有点像东方的茶道，有一种精神蕴含其中。这种仪式往往被用于求婚、调解家庭冲突、接待尊贵的客人，整个仪式非常漫长，平均为 1.5 小时。女主人在煮咖啡时，一般要穿上整洁的民族服装，披着“沙马”（披肩），向每个客人弯腰鞠躬表示欢迎。待客人落座后，女主人坐到火炉旁，将火炉里的木炭点燃，一边添加木炭，一边撒一些金黄色的乳香，整个屋子顿时弥漫着沁人肺腑的清香。接着用平底锅炒咖啡豆，当咖啡豆炒到一定程度时，女主人会取出几粒咖啡豆放在一个盘子里，请每个客人看一看咖啡豆的颜色，闻一闻咖啡豆的香气，直到女主人听到客人的称赞时，再将咖啡豆倒入一个石臼，用长把儿小锤有节奏地捶捣，让每个人都闻到咖啡豆的香味，最后再慢慢地煮咖啡。

在埃塞俄比亚习俗里，咖啡要喝三道，每一道都有自己的名字，一道比一道味道淡。第一道咖啡被称为阿沃尔（Abol），这是最浓的，亦是最难喝的一杯，如果是在解决冲突时，其中一方必须勇敢地把这杯咖啡喝下并叙述自己的观点。第二杯称为托纳（Tona），由上一道再次加水煮制而成，口感依旧强烈。假如一方接受另一方的观点，则会将其喝完，如果对方没有喝，则不会再有第三杯。第三杯称为贝瑞卡（Baraka），它象征着喜悦，当事情得到解决，结局令人满意时，人们才会喝下这一杯。

第一道咖啡煮好并倒在各个小杯子里后，女主人会先给客人的小杯里加几勺糖，再把咖啡端给客人品尝。埃塞俄比亚人喝咖啡时并不加牛奶，只是放很多的糖。有时候，他们会采摘迷迭香叶，洗净后在咖啡里放一片，这两种物质融合在一起，会散发出奶油般醇美的香味。

（二）埃塞俄比亚咖啡的种植和处理方式

埃塞俄比亚咖啡依种植方式分为三类，一类为森林咖啡，这类咖啡树多半生长在埃塞俄比亚的西南部，周围通常被众多植物围绕，咖啡树本身也是多个品种混种而成，无任何人工的打理，农户会定期去采摘咖啡果，繁殖力与产量不如其他人工选育的高产量品种。二类为森林/半森林咖啡，咖啡树的种植区介于森林与农户生活范围周边，咖啡树与森林咖啡相同，都为自然生产品种，农户会对咖啡树种植区进行管理，并种植其他经济作物。三类为田园咖啡，这类咖啡树通常种植在人畜居所的周围，天然荫蔽物较少，对这类荫蔽树丛的管理也较为积极，例如频繁整枝，使咖啡树不致被过度遮蔽；许多生产者会施肥；埃塞俄比亚咖啡多属此类型。四类为种植园咖啡，这类咖啡来自种植密集的大型农地，采用标准化农耕方式，包括整枝、腐土覆盖，会进行施肥，并选用高抗病力品种。

埃塞俄比亚出产的咖啡大多是以处理厂或者合作社来命名的，这是因为当地咖农都是在自己的生活区附近栽种咖啡树，并在收获的季节自行采收，然后送至附近依靠水源而建的处理厂进行统一处理（或者由中间商统一收购）。除了小部分的种植庄园比较有实力，可以自行种植、采摘、处理咖啡生豆外，很多不同区域、不同种植品种的咖啡豆都会被送到处理厂集中处理，然后再送往拍卖行进行官方评价分级。这也是导致同一批次的咖啡豆混杂多重咖啡品种的原因之一，甚至相同处理厂出产的不

同批次的咖啡豆的风味也会有明显的差别。

埃塞俄比亚咖啡一年收获一次，3 ~ 4 月，美丽的白色咖啡花盛开在枝头，之后果实开始生长；9 ~ 12 月，红色的咖啡果实成熟待摘；11 ~ 12 月，新一季的咖啡开始出口。目前，约 25% 的埃塞俄比亚人直接或间接地依靠咖啡生产为生。使用传统种植方法的咖农占多数，他们人工护理咖啡树，使用有机肥料，不使用有害的杀虫剂和除草剂等。因此，埃塞俄比亚出产的咖啡大多为有机咖啡。

已记录在册的埃塞俄比亚咖啡有 2 000 多个品种，其中有 1 927 个原生品种和 128 个外来引进品种。埃塞俄比亚咖啡按照种植方式的不同，可以分为森林咖啡、森林 / 半森林咖啡和种植园咖啡三种。当地 60% 的咖啡属于森林咖啡，这种咖啡不用农药，而是使用生物方法防治害虫。35% 的咖啡属于森林 / 半森林咖啡，种植呈立体式分布，咖啡位于下层，从而在其他农作物的荫蔽下获得适宜的生长环境。肥料主要是落叶、枯草和动物粪便。5% 的咖啡属于种植园咖啡。这是一种现代化的种植方式，咖啡也是成林生长，但是多为新品种，并与其他遮阴树木成排间隔种植。

埃塞俄比亚最主要的咖啡处理法是日晒处理法和水洗处理法。

（三）埃塞俄比亚咖啡产区

埃塞俄比亚有九大咖啡产区，分别是西达摩、耶加雪菲、哈拉、吉玛、利姆、伊鲁巴柏、金比（列坎提）、铁比和贝贝卡咖啡产区。在这九大咖啡产区中，最知名的莫过于耶加雪菲、西达摩和哈拉。在大的咖啡产区里还有小的咖啡产区，如耶加雪菲咖啡产区的科契尔、阿瑞恰，此外还有规模更小的村落咖啡产区。埃塞俄比亚的咖啡庄园化并不明显，所以一般都是以大产区、小产区、村落产区和水洗处理厂来划分。

1. 耶加雪菲咖啡产区

耶加雪菲附属于西达摩产区，咖啡种植于海拔 1 800 ~ 2 000 米的地方，属于田园咖啡。其由于独特的风味、浓郁和复杂的果香，几乎在一夜之间爆红，致使埃塞俄比亚咖农争相以自家咖啡带有耶加雪菲咖啡风味为荣，所以被单独分了出来。那里自古是块湿地，古语“耶加”（Yirga）意指“安顿下来”，“雪菲”（Cheffe）意指“湿地”。耶加雪菲咖啡的产地除了小镇耶加雪菲外，还包括周边的维那果（Wenago）、科契尔（Kochere）、格列纳（Gelena）、阿巴雅（Abaya）四个副产区。

以玻丽啡莓果园的日晒耶加雪菲咖啡为例，它的产区为科契尔，日晒而成，属于当地原生种哈拉，海拔高度为 1 900 ~ 2 000 米，中浅度烘焙，风味特点是水蜜桃干、甜柑橘调与橙色水果、可可、丰富的酸质、香气饱满、柔滑细腻。用 89℃水冲泡，有着浓郁的莓果与水果酒干香。啜饮时，开始是强劲的草莓、蓝莓伴随着百香果、杧果等热带水果香气，中段是杏桃、水蜜桃及葡萄汁风味，花香、桃子、莓果香气贯穿整个味蕾。

2．西达摩咖啡产区

西达摩咖啡产区位于埃塞俄比亚高原最南部，海拔 1 400 ~ 2 200 米，属于田园咖啡，通常甜味明显，风味近似耶加雪菲咖啡，因此被多数人喜爱。精致水洗或日晒处理的西达摩咖啡，同样有花香与橘香，身价不输耶加雪菲咖啡。这两个产区的品种相似，豆粒中等但亦有矮株的小粒种咖啡，当地咖农经常会单独拿出来售卖。常见的品种有三个：肯米（Kurmie），抗病能力较差；维利斯（Wolisho），高大健壮；代尕（Deiga），树形中等。

3．哈拉咖啡产区

哈拉咖啡产区位于埃塞俄比亚高原东部，连接东非和阿拉伯半岛，是一个古老的贸易中心，15—16 世纪是当地文化发展的高峰。地理位置以及作为经济和文化中心的重要性使其在最早的咖啡运输和贸易中占有显著地位，为咖啡注入了历史的庄重感。

哈拉咖啡产区的咖啡树在海拔 1 500 ~ 2 100 米的地方生长，属于田园咖啡，一个世纪前仍旧野生于山坡地，烘焙时会有强烈的巧克力气味

出现，口感狂野，带着中度的酸及丰厚的质感，是非常典型的摩卡风味。好的哈拉咖啡产区的豆子带有茉莉花香以及类似发酵的酒香，现今的哈拉咖啡产区仍以传统的日晒法来处理生豆。人们一般很难喝到哈拉咖啡，因其基本上都被阿拉伯人买走了。

4．吉玛咖啡产区

吉玛咖啡生长在埃塞俄比亚的 Illubabor 和 Kaffa 地区，每年生产和出口约 6 万吨。吉玛咖啡往往生长在海拔 1 340 ~ 1 830 米的地方，属于森林 / 半森林咖啡，这个高度为咖啡的生长提供了理想的气候条件，森林树木的保护使咖啡树免受正午阳光的照射，这也有助于保持土壤中的水分含量。实际上，吉玛咖啡产区的吉玛镇相当小，不过吉玛咖啡在埃塞俄比亚咖啡出口中几乎占到了 50% 的份额。

当地原生种的日晒吉玛，干香中带着茉莉花香，还夹杂着些许烤花生的香气，湿香中有着浓郁的发酵酒香，入口是青柠、柠檬、柑橘、阳桃的酸感，中段出现莓果甜，尾段带着一些西柚皮、红茶茶感。

5．利姆咖啡产区

在利姆咖啡产区，当地咖啡小农会以 100% 有机方式进行种植，海拔为 1 850 ~ 1 900 米，属于田园、森林 / 半森林、种植园咖啡。利姆咖啡产量较低，主要外销欧美市场，名气仅次于耶加雪菲咖啡。利姆咖啡的味谱不同于西达摩咖啡和耶加雪菲咖啡，花香与柑橘香的表现也逊于后两者，但却多了一股青草香与可可香，还有檀香木味。埃塞俄比亚的利姆二级水洗咖啡，入口有青草的清香和苹果的酸香，这样的酸味使得咖啡口感变厚，可可味与莓果的余韵值得回味。

6．其他咖啡产区

伊鲁巴柏咖啡产区，海拔 1 350 ~ 1 850 米，属于森林 / 半森林咖啡；金比・列坎提，咖啡产区，海拔 1 500 ~ 1 800 米，森林 / 半森林咖啡；铁比和贝贝卡咖啡产区，海拔 500 ~ 1 900 米，田园、森林 / 半森林咖啡；

塔纳湖畔咖啡产区，海拔 1 840 米，属于森林咖啡。

（四）埃塞俄比亚咖啡的分级

埃塞俄比亚咖啡的等级定义比较复杂，当地农业部有一个叫作杯测质量部门（Cupping and Liquoring Unit，CLU）的下属机构，专门负责出口咖啡的品质批准，其中就包含了等级定义这个非常重要的职责。杯测质量部门在埃塞俄比亚咖啡商品交易所（Ethiopian Commodity Exchange，ECX）出现之前就已经存在了。在埃塞俄比亚咖啡商品交易所出现之前，对于水洗处理的咖啡，出口的等级分为一级与二级；对于日晒的咖啡，出口等级分为三级、四级和五级，也就意味着日晒最高的等级为三级。埃塞俄比亚咖啡商品交易所出现后，针对出口咖啡的分级重新进行了定义，水洗分级并无差异，而对于日晒，则第一次出现了一级，这也是为什么现在市场上出现了越来越多的埃塞俄比亚一级和二级日晒咖啡,而三级则开始慢慢地变少。一级代表每 300 克生豆中有瑕疵豆 0 ~ 3 颗；二级代表每 300 克中有瑕疵豆 4 ~ 12 颗。当然，实际上卖家和买家的瑕疵豆标准肯定是有所不同的，但是一级的瑕疵豆明显要比二级的少。也就是说，排除具体风味和烘焙程度的影响，埃塞俄比亚的一级咖啡豆要比二级咖啡豆更加优质，评分更高，起码在瑕疵风味上很明显就可以区分开来。

二、肯尼亚咖啡文化

肯尼亚位于东非，地理位置恰好处于赤道上，东边就是印度洋，北边是埃塞俄比亚，南边则是坦桑尼亚。它是东非的咖啡大国，也是极重要且不可取代的咖啡出产国之一。

肯尼亚属于热带产区，每年有两次雨季，可收成两次，当地 60% 的咖啡采收于 10—12 月，另外 40% 在 6—8 月。咖啡主要种植于首都内罗毕至肯尼亚山区周围海拔 1 600 ~ 2 100 米的火山地。此高度适合咖啡豆

发展风味。因为山区温度较低，故成长速度较慢，咖啡豆的芳香成分可以得到充分发展，果酸味更明显，质地也较硬。这片土质肥沃、似月弯形的咖啡专区是肯尼亚精品豆的主力产区。在肯尼亚，咖啡是仅次于茶的第二出口贸易商品。

（一）肯尼亚咖啡历史

1878 年，英国人使咖啡登陆非洲，后在肯尼亚建立了咖啡种植园区。当时埃塞俄比亚的咖啡饮品经由也门进口到肯尼亚，但直到 20 世纪初，波旁咖啡树才由圣 • 奥斯汀使团（St.Austin Mission）引入肯尼亚。

1964 年国家独立后，肯尼亚的咖啡业在既有基础上继续发展，如今肯尼亚已是世界知名的高品质产豆国。值得一提的是，当地建立了一套拍卖制度，成功摆脱了其他产豆国剥削小农的弊病（所谓的“公平贸易咖啡”就由此而来）。

（二）肯尼亚咖啡品种

在肯尼亚，常见的品种有 SL–28、SL–34、法国传教士波旁以及鲁依鲁 11 等。19 世纪 30 年代时，肯尼亚政府委托斯克特实验室（Scott Labs）选出适合该国的咖啡品种，在逐一编号筛选后，最终得到 SL–28 和 SL–34。两者均源自于波旁，SL–34 可以长在海拔稍低的地区。

SL–28 拥有法国传教士波旁、摩卡、也门铁毕卡的混合血统，当初培育 SL–28 的目的是希望能大量生产具有高品质又可对抗病虫害的咖啡豆。虽然后来 SL–28 的产量不如预期高，但却有着出色的甜感、平衡感和复杂多变的风味，以及显著的柑橘、乌梅口味。

SL–34 与 SL–28 风味相似，除了复杂多变的酸质和出色的甜感之外，SL–34 的口感较 SL–28 重、浓郁，也更为干净。SL–34 拥有法国传教士波旁以及铁毕卡血统，豆貌和 SL–28 类似，却更能适应突如其来的雨水。研究后发现，前者通常获得更高的评价，拥有黑醋栗般的酸质与繁复的风味；后者虽然稍逊一筹，不过也有亮眼的水果风味。目前，这两个品种占了肯尼亚咖啡产量的九成，成为公认的肯尼亚咖啡代表。

1893 年左右，波旁树种被带入肯尼亚种植，这种原生波旁树种被称为法国传教士种，这种咖啡在栽种过程中避免了科学方式的改良，保留了波旁最原始的风味。

鲁依鲁 11 种是肯尼亚于 1985 研究出来的重产量不重质量的混血品种。它是阿拉比卡和粗壮豆杂交的品种，到目前为止还不能算是精品咖啡，所以在很多专做精品咖啡新鲜烘焙的供应商那里并没有这一种类。然而，也有很多自称进口名品咖啡供应商的企业把这种杂交豆混入拼配豆（Blend）之中以降低成本。

（三）肯尼亚咖啡产区

肯尼亚咖啡有 7 个著名的产区，多在肯尼亚山附近，许多产区竭力保留原生森林生态系统的做法使天然基因库得以保全。

1．尼耶利（Nyeri）咖啡产区

位于肯尼亚中部的尼耶利是死火山肯尼亚山的所在地，此区的红土孕育出了肯尼亚品质最佳的咖啡。农业在当地极为重要，咖啡则是当地最主要的农作物，由小农户组成的共同合作社比大型庄园更加普遍。尼耶利每年有两次收成期，但来自产季的咖啡通常质量较高。尼耶利咖啡入口是清新干净的圣女果、莓果酸，通透感较好，温度降下来后，酸质会夹带茶感、焦糖香气，整体非常清爽。

2．祈安布（Kiambu）咖啡产区

位于肯尼亚中部的祈安布产区是当地海拔最高的咖啡种植区，不过某些位于高海拔的咖啡树会得枯枝病（Dieback），进而停止生长。此产区以祈安布镇为名，咖啡种植形式兼具庄园与小农户，不过产量相对较小。

3．基里尼亚加（Kirinyaga）咖啡产区

基里尼亚加产区坐落在肯尼亚山山坡上，邻近尼耶利，以味道强烈、

层次丰富、口感扎实的咖啡闻名于世，它与尼耶利被公认为目前肯尼亚最优秀的两个产区。此区的生产者多是小型咖啡农，他们加入并位于合作社之下，合作社扮演统合的角色，提供水洗处理厂。咖农采收后将咖啡果送往合作社的处理厂进行生豆处理。

4．锡卡（Thika）咖啡产区

锡卡是位于肯尼亚首都内罗毕的一个小镇。锡卡咖啡属于法国传教士波旁种，日晒处理，干香中有着日晒发酵、果干及香草味，啜吸时能喝到香草、综合水果的扎实果汁感，余韵有莓果、浓厚波罗蜜、咖啡花香。整体表现有着非洲狂野的地域风味，适合小口啜吸，慢慢品尝，其复杂的香气让人难以割舍。

5．梅鲁产区、恩布产区和基西产区

梅鲁咖啡多数由小农户种植在肯尼亚山麓以及 Nyambene 丘陵一带。它的名称源于此场区以及居住在此地的、最早开始生产咖啡的肯尼亚人。

恩布产区靠近肯尼亚山，恩布城当地约 70% 的人口都从事小规模农耕，区内最受欢迎的经济作物为茶和咖啡。几乎所有咖啡都来自小农户种植，产量相对较小。

基西产区位于肯尼亚西南部，离维多利亚湖不远，是个相对较小的产区，多数咖啡豆来自由小型生产者组成的共同合作社。

（四）肯尼亚咖啡拍卖简史

在经济大萧条时代以前，肯尼亚咖啡都是与伦敦商人交易，伦敦商人在将咖啡出厂销售后，才会支付农民咖啡款，交易时间长达半年之久，农民们不得不依靠银行的资金供给以支付运输费用。1926 年，咖啡种植商结成联盟，旨在帮助咖啡生产者做出更好的咖啡并赚取更多的财富。2003 年，肯尼亚的各种咖啡团体开始尝试不同类型的合作和销售方式，当地咖啡业迅速发生了变化，联盟开始分裂成较小的合作社。由于农民和商人的游说，合作社最终被肯尼亚咖啡局取代。

第一场肯尼亚咖啡拍卖于 1931 年成交，但并没有推翻伦敦交易。直到 1937 年，内罗毕咖啡交易所得到广泛的支持，拍卖遵循一定的规则，取得了不同程度的成功。另外，在咖啡分级方面，肯尼亚于 1938 年建立了全国性的标准。

肯尼亚咖啡局会先将收集而来并即将被拍卖的咖啡生豆样本寄送给有兴趣的买家试豆，并于每周二在肯尼亚首都内罗毕的内罗毕咖啡交易所举行竞标拍卖会，通过透明化的拍卖机制以及官方销售代理人、独立销售代理人双制度并行方式，让国外的买主也能直接对口生产者以洽谈咖啡购买事宜。由于无须再通过官方拍卖局，因此生产者的辛苦劳作便能获得更公平对等的回馈，而不会被中间的掮客剥削大部分的利润。也因为这样，咖农为了能卖得好价格，更加乐于努力，全力生产高品质咖啡豆。

（五）肯尼亚小咖农的崛起

早期，肯尼亚咖啡受到殖民者的控制，只允许大型种植园种植咖啡。随着肯尼亚的殖民历史变化，1946 年，肯尼亚政府开始进行农作物种植竞争，并积极鼓励当地人种植经济作物，在不断频繁的独立运动下，小咖农的革命开始了。

小咖农合作社在处理咖啡的方式上与大型种植园一样，如今，数量已达 2000 多个。肯尼亚的咖啡生产者主要分为两大类型：第一种类型是大型的庄园，第二种则是所谓的小咖农。然而无论是大型咖啡庄园还是小咖农，所生产的咖啡豆在经过精制处理后，绝大多数都会运送至官方的肯尼亚咖啡局进行统一分级鉴定。

第二节　欧洲咖啡文化

欧洲的咖啡传统源自土耳其这个欧亚堡垒。欧洲人喝咖啡的风气是 17 世纪意大利的威尼斯商人在各地经商时逐渐传开的。威尼斯出现了欧

洲第一家咖啡店后，巴黎和维也纳也紧随其后，轻松浪漫的法兰西情调和维也纳式的文人气质成为以后欧洲咖啡馆的潮流先导。当欧洲人第一次接触到咖啡的时候，他们把这种诱人的饮料称为“阿拉伯酒”。现在在欧洲，咖啡文化可以说是一种很成熟的文化形式了，从咖啡进入这块大陆，到欧洲第一家咖啡馆的出现，咖啡文化以极其迅猛的速度发展着，显示出了极为旺盛的生命活力。咖啡在欧洲艺术家、政治家、作家的眼中，不仅是生活中的消遣或享受，更丰富了他们的精神家园。多少重要的历史性事件都是在咖啡馆里发生的？多少著名的作家、艺术家是从咖啡馆里走出来的？又有多少传世的艺术作品是在咖啡馆里诞生的？可以说，一部欧陆咖啡历史就是一部欧洲文化史。

一、维也纳中央咖啡馆

要说维也纳名气最大，文学家、音乐家、政治家又都乐于驻足的咖啡馆，莫过于在 19 世纪被称为“世界咖啡首都”“最人文主义”的中央咖啡馆了。

（一）中央咖啡馆的起源和格局

中央咖啡馆由公爵府邸改建而成，所在的建筑之前是一个银行与证券中心。设计方面，它的外形传统、规矩，而内饰却华贵、堂皇，像极了外表认真而骨子里又优雅的奥地利人。

中央咖啡馆于 1876 年开业，是 19 世纪末维也纳的一个重要聚会场所，但它也和当地很多其他咖啡馆一样，未能在二战中幸免，被迫关闭，随后于 1975 年重开，1986 年再装修。如今那里虽已没有了当年那些文人墨客、政商名流的身影，却依然广受音乐、文学、艺术、政界等人士的热爱和追捧，也是游客去到维也纳时必定停留的一站。也许经历过关闭、整装的中央咖啡馆味道已不似当年，但那些如星辰般散发着光芒气息的人们，足以让你在落座后，徒生一份品咖啡之余的别样心情。

中央咖啡馆虽然经过整修，但它身子骨里那番清雅的气质却未曾改变。坐在这里的客人，在浓郁的人文气息影响之下，也乐得挑个窗边清静的角落，一边品咖啡看报，一边沉思古今。这里有宽广的厅堂、哥特式的高顶、流线型的拱墙、大理石的柱子和上了点儿年纪的家具和装潢，极具气势。内部装修充满了文艺古典气息，高高的天花板撑起室内柔和的光线，红色的地毯与绒面座椅尽显高贵，当然也少不了衣着整洁体面的服务生。咖啡馆深处的一面墙上有奥匈帝国的最后一任皇帝弗兰茨·约瑟夫和皇后（茜茜公主）的巨幅画像。

一个世纪多以前，中央咖啡馆曾是世界政治风云的中心。许多政治家、文学家们都曾在这里发表演说，其中一位名叫维科涛·普尔伽（Alfred Polgar）的文学家甚至还写了《中央咖啡馆理论》，论点则为“中央咖啡馆是一个与众不同的咖啡馆。它是一种世界观。而这种世界观最深刻的内涵是：不观世界，有什么可观的呢？”

中央咖啡馆大门入口处坐在椅子上沉思的雕像，是奥地利作家及诗人阿尔滕伯格（Peter Altenburg）。他曾在这家咖啡馆写作，后来遇到施尼茨勒，得到赏识，走上文坛。

阿尔滕伯格在一首诗中写道：“你如果心情忧郁，不管是为了什么，去咖啡馆！深爱的情人失约，你孤独一人，形影相吊，去咖啡馆！你跋涉太多，靴子破了，去咖啡馆！你所得仅仅四百克朗，却愿意豪放地花五百，去咖啡馆！你是一个小小的官员，却总梦想当一个名医，去咖啡馆！你觉得一切都不如所愿，去咖啡馆！你内心万念俱灰，走投无路，去咖啡馆！你仇视周围，蔑视左右的人们，但又不能缺少他们，去咖啡馆！等到再也没有人信你、借贷给你的时候，还是去咖啡馆！”

（二）有人文气质的咖啡馆

中央咖啡馆充满了艺术气质，有贝多芬、舒伯特和约翰·施特劳斯父子的光临，画家克林姆特、席勒、卢西安·弗洛伊德也都曾是此处的座上宾，连希特勒、列宁、托洛茨基也都青睐于此。因为众多象棋选手的频繁光临，中央咖啡馆还有着“国际象棋学校”的美称。

虽然到访中央咖啡馆的名人如此之多，但频繁度更甚阿尔滕伯格的大概很少。这位“咖啡馆诗人”是真的把这里当成了自己的家。他不仅在被人问及住在哪里时，会把中央咖啡馆的地址报上，还会把邮件直接寄到这里。据说，这位诗人连生命中的最后一口气都是在这里呼出的。想必，那口气中还满是咖啡的香气。

有人曾说，中央咖啡馆是人们“为了不被时间消磨而消磨时间的地方”，列宁和托洛茨基曾在这高高的圆顶之下思考他们的改革，诗人阿尔滕伯格曾在这里写下了他放荡不羁的爱，施特劳斯父子曾在这里写下了对音乐的灵感。如今，这里再也听不到当年叱咤一时的政客们的高谈阔论，也不见了文学家、艺术家们记录自己灵感时的笔耕不辍，一切都已人去楼空，让人只叹晚来了一百年，徒生惆怅。在维也纳的其他地方，人们也能品得到上好又醇香味美的咖啡，而在中央咖啡馆所能感受到的，还多了一分儒雅气、书卷气、艺术气。

二、法国咖啡文化

法国咖啡文化源远流长，法国咖啡比较讲究情调和氛围，法国人本身就很浪漫又有一些“懒散”，他们习惯于在下午享受咖啡时光，一杯咖啡、一份报刊再加上一份甜点，惬意到让人羡慕。

（一）法国人不能缺少咖啡

咖啡在法国人的生活中可以说是必不可少的，法国人的日常物质生活中，什么都可以免去，哪怕是面包，因为这些都可以找到替代品，唯独咖啡不能缺少，而且绝不可一天没有。据说，法国一度由于咖啡缺货而导致人们的咖啡不够喝，于是马上打盹的人多了起来。1991 年，“海湾战争”爆发，法国也是参战国之一，部分法国人担心战争会影响日用品的供应，纷纷跑到超级市场抢购，他们拿得最多的就是咖啡和糖。

除了年幼的孩童，大部分法国人清晨起床后的第一件事便是喝一杯咖啡，工作中也常常伴以咖啡，餐后更是不能没有咖啡，有些法国人甚至在入睡前还会饮一杯咖啡助眠。咖啡全方位地占领了法国人生活的方方面面，路遇朋友，招待一杯咖啡；疲劳侵身，喝杯咖啡提神；知己聚会、纵论天下，更是不能没有咖啡助兴。

（二）咖啡与法国名人

1．塔列兰

法国杰出的外交家塔列兰（1754—1838 年）曾经说过：“熬制得最理想的咖啡，应当黑得像魔鬼，烫得像地狱，纯洁得像天使，甜蜜得像爱情。”如果不加解释，很多人可能都想不到这样一句话是用来形容咖啡的。没错，浪漫的法国人不仅嗜咖啡如命，还会在街头巷尾谈天说地间，说出惊人的言语来。

2．路易十五

法国国王路易十五也是一个咖啡迷，他喜欢自己亲自煮制咖啡，他叫花匠在花园里种植了一些咖啡树，每年可收获近三千克咖啡豆。

3．拿破仑

法国皇帝拿破仑（1769—1821 年）一生喜爱喝咖啡，他形容喝咖啡的感受是：“相当数量的浓咖啡会使我兴奋，同时赋予我温暖和异乎寻常的力量。”

4．伏尔泰

法国杰出的思想家伏尔泰（1694—1778 年）即使在晚年，也在大量饮用咖啡，据说，他一天可喝 50 杯之多。有人曾对他说，咖啡是慢性毒药，当时他已喝了 65 年，而最后，伏尔泰活了 84 岁。

5．伯方特内尔

法国启蒙运动家伯方特内尔（1657—1757 年），一生爱喝咖啡，当他活到百岁高龄时，一位比他仅小两岁的邻居老太太对他开玩笑说："阁下，你我在世上活了这么久，可能是死神早把我们遗忘了。"他回答说："嘘，小声点，最好让死神别再想起我们，我还没有喝够咖啡。"

6. 巴尔扎克

伟大的法国作家巴尔扎克（1799—1850年）出身富裕，不过却没有家庭关爱可言。后来他觉得没有家庭值得自己投入，便将一腔热情倾注到了巴黎这座城市上。他认为咖啡有助于灵感的发挥。他通常在晚上6点睡觉，睡到深夜12点，然后起床，一连写作12个小时。在写作过程中，他会一直不停地喝咖啡，他说："一旦咖啡进入肠胃，全身就开始沸腾起来，思维就摆好阵势，仿佛一支伟大军队的连队，在战场上开始投入了战斗。"

有专家统计，巴尔扎克每天要喝50杯咖啡，当然他所喝的咖啡是用小咖啡杯盛装的，每杯约50 ~ 70毫升。基于这样的信息，《纽约客》作家Brendan O'Hare臆想了巴尔扎克喝完每一杯咖啡的心情：第1杯咖啡，啊！一个伟大的开端从喝一杯美味的热咖啡开始;第2杯咖啡，如此香浓，滑进了我的肚子；第3杯咖啡，我喜欢写作，但是我也喜欢每天喝50杯咖啡……第50杯咖啡，哇！你不知道吗？我已经有了一个很好的灵感去描绘法国社会的现实，就像往常一样！现在竟然只是早上11:30，想到我明天还能喝到我最爱的咖啡，实在太让人兴奋了！

（三）法国人喝咖啡的习惯

法国人的咖啡其实远没有他们的咖啡馆那么讲究。和欧洲其他民族比较，法国人的咖啡口味偏淡，而且，由于法国的咖啡基本上来自早期的殖民地，而他们的殖民地又大多在非洲，于是，非洲盛产的罗布斯塔豆就成了法国人的"粮食"。罗布斯塔豆属于咖啡豆中的粗壮豆，果酸味不浓烈，倒是苦涩味和土腥味强烈，为了掩盖这种不好的味道，法国人就发明了重度烘焙的法式炭烧咖啡。

法国人喝咖啡讲究的似乎不是味道，而是环境和情调。他们大多不愿闭门独酌，偏偏要在外面凑热闹，即使一小杯的价钱足够在家里煮上一壶，他们也不是匆匆地喝了了事，而是慢慢地品、细细地尝，读书看报，高谈阔论，一喝就是大半天。法国人以这样一种喝咖啡的习惯，自觉也不自觉地表达着一种优雅的韵味、一种浪漫的情调和一种享受生活的写意感，可以说法国咖啡文化是一种传统且独特的咖啡文化。法国人花在喝咖啡上的时间令人叹为观止，即便不进咖啡馆，在家自煮自饮，平均每天也要花去一个小时。

在法国，能让人歇脚喝咖啡的地方可以说遍布大街小巷，它们在马路旁、广场边、河岸上、游船上，甚至是埃菲尔铁塔上，而形式、风格、大小也不拘一格，有店、馆、厅、室，而最大众化、最充满浪漫情调的，还是那些露天咖啡座，那几乎是法国人的生活写照。注重品位的法国人有一个传统说法，在塞纳河边让人换一个咖啡馆也许比让人换一种信仰还难。一个地道咖啡馆的常客，不仅决不轻易更换咖啡馆，连去咖啡馆的时间和坐在哪张咖啡桌的习惯都是固定不变的。许多如今成为大师而当年却穷苦不得志的文人、艺术家们都有这样的好习惯，这种忠诚的关系当然也体现在好客不倦的主人身上，不用客人招呼，熟知常客脾气和喜好的侍应生就会端来客人最喜欢的咖啡，再配上一盘特色点心，甚至还会随手带来客人最爱看的报刊，不必说谢谢，这些在一个正宗的咖啡馆里都是理所当然的事情。

法国人很爱去咖啡馆，不论上午、下午或夜晚，大部分人都有自己的习惯安排，他们坐在窗前、桌旁或户外露天座，或是看着读物、想着心事，或是欣赏街景、享受阳光，或是同他人放言天南海北，或者干脆观察过路行人。一杯咖啡足以让他们忘情地坐两个小时或者更久，这已成为法国人的一种习惯、一种精神需要。正是这种永不疲软的精神和物质需要，不断刺激着新的咖啡馆的诞生。

（四）法国咖啡馆

法国的咖啡馆早在18世纪就以星火燎原之势遍布了巴黎的大街小巷，自由而热烈的气氛使得咖啡馆逐渐成为当时法国知识分子批评时政的场所，并对1789年的法国大革命起到了催化剂的作用。

或出于流露内心、宣泄情绪和交流感情的需求，或出于传递精神世界、感染和表白的目的，人们聚集在一起，而喝咖啡则成了最好的沟通媒介，咖啡馆则是最理想的场所，它能提供其他地方所不具有的清静、雅致、轻松、和谐，并具有温馨的人情味和浓郁的生活气息，它构成了法国社会生活的生动一面。可见，咖啡确实是法国人民精神文化生活中不可缺少的内容。

巴黎最早的，也是最著名的咖啡馆是普罗柯布咖啡馆，它开设于1689年，老板普罗柯布是意大利移民。这家位于拉丁区法兰西喜剧院的咖啡馆，一开张就顾客盈门，演员、小说家、剧作家和音乐家不约而同地在此聚会。据说，法国大革命前，拿破仑曾在此喝咖啡却没带钱，只好留下军帽抵账。

法国大革命的风潮过去后，一向鼎盛的法国文艺精神在和平年代空前繁荣，巴黎像一个巨大的磁石，吸引着才华横溢的剧作家、出版家、画家、音乐家……而咖啡馆就是这些人最爱去的地方。

20世纪以来，咖啡馆成了社会活动中心和知识分子展开辩论的俱乐部，几乎没有哪个法国艺术家不曾和咖啡馆产生过联系。不同的咖啡馆可以形成不同的文化圈子，产生不同的艺术流派。作曲家夏布里埃曾经每晚都与诗人魏尔兰、画家莫奈一起泡咖啡馆，他们的艺术思想互相影响，作品自然也与潮流相呼应，反映出19世纪末巴黎的精神面貌。而画家凡高曾住在法国一家咖啡馆的阁楼，他的画作中有一幅画的就是夜晚的咖啡馆。未成名前的毕加索也曾经用自己的画抵交过咖啡款。

近代文化领域的大师们，都曾在咖啡馆里相遇结识，交往切磋，他们在咖啡馆里接触社会，了解世界，观察人生和体味生活，并创造出了不朽的作品。咖啡馆成为现实主义和浪漫主义的聚合地，在文学史上享有盛名。后来，拉丁区出现了一些闻名遐迩的文学咖啡馆，人们在那里与邻座搭讪，或静静地独自创作。现在，巴黎的蒙帕纳斯、圣日耳曼等地区仍有一些专为文学家、艺术家们聚首而营业的咖啡馆。

三、意大利咖啡文化

意大利是咖啡文化的鼻祖国家之一，也是世界上为数不多的没有星巴克存在的国家。咖啡在意大利人的心中可谓神圣的存在，也正是这种对咖啡的敬畏，使得意大利的咖啡文化在世界众多咖啡文化中独树一帜。

意大利人热情洋溢，到意大利要关注两件事：一是男人，二是咖啡。在意大利，咖啡和男人其实是异曲同工的，因此意大利有一句名言——男人要像好咖啡，既强劲又充满热情。

（一）意大利咖啡和咖啡馆

1615 年，威尼斯商人第一次把咖啡运到了欧洲大陆。意大利人在把咖啡当作药水高价出售多年后，于 1645 年在威尼斯开了第一家咖啡馆，如果把伊斯坦布尔排除在外的话，这应该是欧洲最早的一家咖啡馆。威尼斯圣马克广场上的“弗罗瑞安咖啡屋”是现存的最古老的咖啡屋。

意大利有各式各样的咖啡馆，风格迥异，共同的特点是十分热闹，总是聚满了当地人和游客。在意大利，你会惊讶地发现，人们仿佛有太多的闲暇时间可以泡在咖啡馆里。事实上，意大利的咖啡馆和酒吧都使用着同样的名称。

1903 年，意大利人在米兰制造了第一台商用咖啡蒸馏器；1930 年，伊利发明了通过压缩空气来蒸馏咖啡的方法；1945 年，另一个意大利人加贾发明了以弹簧为动力的活塞杠杆蒸馏器，这种方法能够最大限度地保留咖啡的味道且耗时极短，短到咖啡来不及变苦或者变质。这种方法

使 Espresso 风靡了整个欧洲，并传播到了北美，成为二十世纪六七十年代美国精品咖啡浪潮的发端，而加贾如今也成为世界著名的咖啡器具生产品牌。

对于意大利人来说，咖啡和真正经典的咖啡馆是分不开的。对于平均每人每年要喝下 600 杯咖啡的意大利人来说，每天去几次咖啡馆、上班下班的路上在咖啡馆里站着喝一杯 Espresso、聊上几句天，是再随意不过的事了。但他们在咖啡馆里待的时间不长，似乎去那里仅仅是为了过一下咖啡的瘾，重要的是喝下的那杯东西，而不是其他的。

（二）意大利人喝咖啡的习惯

意大利最有名的咖啡是浓缩咖啡（Espresso），清晨喝杯浓缩咖啡是一天的开始。意大利的咖啡馆总是从早开到晚，而且全天都不会有冷清的时候。人们很喜欢在咖啡馆里喝浓缩咖啡，这种咖啡做得快也喝得快，通常放在小杯子里，三两口就可以喝完。一杯浓缩咖啡的价格折合成人民币还不到二十块钱。很多咖啡馆并没有座位，人们就站在高桌前，趁热喝完一杯带有金黄色泡沫的浓缩咖啡，然后就开始和周围的人聊天。

在意大利，你永远都不会因为嗜饮咖啡而受到责备，意大利人深深理解咖啡对生活的作用和影响，他们正是通过咖啡才品尝到了生活的乐趣。如果你去到意大利，早晨要做的第一件事就是来一杯咖啡。

意大利人平均一天要喝上二十杯咖啡，调制意大利咖啡的咖啡豆是世界上炒得最深的一种豆子，这是为了要配合意大利式咖啡壶瞬间萃取的特殊功能。由于一杯意大利咖啡的分量只有 50 ~ 60 毫升，咖啡豆用量只要 6 ~ 8 克，因此这种看起来很浓的咖啡，其实一点儿都不伤肠胃，甚至还能帮助消化。

喝咖啡是意大利人的生活方式，他们会高喊着“Buon giorno！”走进咖啡馆，这并不是在向咖啡馆中的某一个熟人问候，而是向那里所有的人打招呼。咖啡馆里的人们就像一个小小的社团，堆在一起的咖啡杯和盛满了意大利面的盘子也是这个社团的一部分。在这里，人们自得其乐，即使早上只花10分钟坐在咖啡馆，他们也会忙里偷闲地说笑、高谈阔论或是看看报纸。咖啡对于意大利人来说，代表了一种简单而美丽的情结，意大利人不会用塑料杯子盛咖啡，那样做会被认为是对咖啡的亵渎。

（三）意大利的意式浓缩咖啡

犹如热情洋溢的意大利人一样，意大利咖啡以浓郁香醇闻名于世。浓缩咖啡（Espresso）是最具代表性的意大利咖啡，美国人称之为“Espresso”，这是为了充分表达迅速萃取之意。起初，它只在意大利、法国、西班牙等欧洲南部国家流行，后来才席卷了整个美洲，成为最受欢迎的饮品之一。

1．意大利浓缩咖啡的历史

意大利浓缩咖啡的诞生经历了漫长的过程。在过去几百年时间里，人们对咖啡加工及提取方法进行了深入而全面的研究，经过反反复复的改良试验，才最终研制出意大利浓缩咖啡。因此，意大利人将它的诞生称为“科学与艺术的结晶”。那不勒斯伟大的剧作家Edouard de Filippo在其回忆录中写道：“小时候炒咖啡是大人们的事情，他们把咖啡豆倒进圆桶后，一边转动圆桶一边不停地炒啊炒，直炒到咖啡豆变为深褐色；咖啡的浓香透过窗户，飘到我的房间里来，把我从睡梦中唤醒。所以，在得到父母允许我喝之前我早就知道咖啡那令人陶醉的味道了。”

意大利的咖啡文化经历了数百年的发展，在此过程中，意大利人积累了大量的经验和完美的工艺。他们在咖啡原豆的质量和烘焙程度上严格把关，为了生产出品质上乘的意大利浓缩咖啡，极富责任感的意大利咖啡批发商首先到全球各个咖啡产地购买咖啡原豆，之后在咖啡生产厂用精选机进行二次筛选。不过，虽然大多数咖啡饮品均以浓缩咖啡为基础，但并非所有的意大利人都喜欢喝意大利浓缩咖啡，其他一些咖啡种类也深受意大利人的喜爱，如在浓缩咖啡里添加牛奶的拿铁咖啡，添加牛奶、含有丰富牛奶泡沫的意大利泡沫咖啡（Macchiato），在浓缩咖啡里加一条卷曲的柠檬皮的“浪漫情怀”（Romano）咖啡以及纯奶油浓缩咖啡等。

2. 意大利浓缩咖啡的起源

意大利浓缩咖啡源自土耳其咖啡，但由于土耳其咖啡的制作耗时太长，无法适应快节奏的社会需求，于是越来越多的人开始研究高效率的咖啡制作方法。一种被称作“Moka Pot Espresso”的“意大利摩卡壶”应运而生。1906 年，世界上出现了第一台商用意大利浓缩咖啡机。1945 年，Gigia 继续对咖啡机加以改良，逐步变成了现在的意大利浓缩咖啡机的模样。意大利生产的咖啡家电用品，70% 被销往国外。意大利浓缩咖啡机利用空气压缩原理，能在极短的时间内萃取咖啡，并且不会使咖啡变味，还可以同时萃取出土耳其人眼中十分宝贵的咖啡泡沫——“克丽玛”，堪称最科学的咖啡提取方式。混合咖啡及咖啡饮品的制作方法也因工厂引进新的制作工艺而得到了改善和提高，咖啡的整个制作流程更加万无一失，寸豆不生的意大利的咖啡加工业由此取得了巨大的成功。

法式烘焙（French Roast）及意式烘焙（Italy Roast）是最具代表性的深度烘焙，经过法式烘焙过的咖啡豆，表面颜色近乎深褐色或黑色，而经过意式烘焙的咖啡豆，表面则几乎是纯黑色，且泛有明显的油光。意式烘焙是为专门制作意大利浓缩咖啡发展而来的，因此也被称为 Espresso Roast。即使烘焙极少量的原豆，也同样能让人感觉到烤焦味和浓重的苦味，这使得意式烘焙不适合制作口感较淡的咖啡。由于烘焙时间较长，咖啡中的咖啡因已基本流失，因此与淡色咖啡相比，深度烘焙咖啡的咖啡因含量相对较低，意大利浓缩咖啡因含量较低，正是基于这个道理。

要评价意大利浓缩咖啡的质量，必须懂得如何从外观上判断咖啡豆的好坏。制作意大利浓缩咖啡所使用的咖啡豆的烘焙程度范围很广，如果咖啡豆看起来颜色非常深，而且外部包裹着一层油，并带有哈喇味，那就说明咖啡豆已经过度烘焙了。过度烘焙的豆子会让意大利浓缩咖啡的苦味喝起来很不舒服，就像是喝了一嘴土一样；如果咖啡豆看起来呈浅棕色，且香味不浓，那就说明咖啡豆的烘焙程度不够，这种豆子会让意大利浓缩咖啡喝起来酸涩无比，尝起来就像是在嚼青草。

（四）意式浓缩咖啡的原料混搭变迁

意大利浓缩咖啡味道浓重，口感苦中含涩，只有新鲜咖啡才能散发出特有的浓香。意大利浓缩咖啡的最佳搭配量为:一杯水加 10.5 克咖啡粉，用该比例配制而成的意大利浓缩咖啡被称为“Espresso Single”或“Espresso Solo”。

比意大利浓缩咖啡更苦、更浓的咖啡是 Espresso Double，多译为“双倍意式浓缩咖啡”，配置比例为一杯水加 14 ~ 20 克咖啡粉。人们乍一听 Espresso Double 这个名字会以为咖啡粉的含量是 Espresso Single 的两倍，实际上并非如此，不过的确有种名为“Espresso Double”的咖啡就是将双份的 Espresso Single 置于一个杯中。

名为“Espresso Lungo”的咖啡是指一杯量的咖啡粉兑两杯的水，“Lungo”一词为意大利文，即英文“Long”（长久）的意思。Espresso Lungo 的口感比 Espresso Solo 清淡。有一种咖啡与 Espresso Lungo 刚好相反，配置比例为一杯量的咖啡粉兑 2/3 杯的水，这种咖啡名叫“Espresso Ristretto”（Ristretto 的意思是克制的、限制的）。

此外，还有许多有趣的咖啡名字，如美国有一种名叫“锤头”（Hammer Head）的咖啡，是按 1 ∶ 2 的比例，往意大利浓缩咖啡里加入普通咖啡混合而成的。还有一款名叫“Cafe Americano”的特调咖啡，是欧洲人专为美国观光客调配的。具体做法是往已经做好的意大利浓缩咖啡中倒入一定量的热水，然后将其倒入 8 盎司大杯中提供给顾客。

今日的意大利咖啡馆主要分“Caffe”（法国人把咖啡称作 Cafe，而意大利人称之为 Caffe）和“Espresso Bar”两种，“Espresso Bar”是能为上班族快速提供咖啡的地方。在意大利，我们经常可以看到穿戴整洁的上班族在上班前到咖啡吧里，以最快的速度喝完一小杯清晨咖啡（Morning

Coffee，一般是浓缩 Espresso 咖啡)，然后匆匆离去。午后，咖啡吧也不冷清，许多人习惯下午到咖啡吧点一杯浓缩咖啡，外加一杯“Straight Whisky”，一口一口地替换着喝。

（五）关于意大利咖啡文化的小常识

1．快速一饮而尽

“Espresso”一词本身的意思为“特别快”，所以意大利人对饮用意式浓缩咖啡来消磨时光的方式十分嗤之以鼻。在他们看来，意式浓缩咖啡理应一饮而尽，在短短三两分钟内解决。如果你点了一杯意式浓缩咖啡并要坐在店里饮用，甚至会被加收费用。

2．不要在下午喝卡布奇诺

卡布奇诺咖啡的做法是在浓厚的咖啡中倒入蒸汽打发的牛奶，因此意大利人建议不要在午饭后饮用卡布奇诺，牛奶和泡沫会加重肠胃的负担，不利于饭后消化。

3．咖啡配烈酒

对于神奇的意大利人而言，晚饭之后，以咖啡配烈酒是不错的选择，因为他们认为这样有助于消化和睡眠。

4．点咖啡送水

这条不成文的规定并不会在意大利所有地区适用。通常情况下，在意大利的南部地区，客人点了咖啡之后，往往还会得到店主赠送的一杯冰水。

5．“这里有咖啡烘焙机”

在意大利咖啡馆的橱窗里面，如果你看到“这里有咖啡烘焙机”的招牌，那基本可以说明这家店的咖啡品质是有保障的。咖啡店拥有自己的咖啡烘焙机不仅仅是咖啡店的品质象征，同时也意味着你可以在这家店内直接购买咖啡豆。

四、德国咖啡文化

提起德国，我们首先会想到啤酒，其实咖啡才是德国最受欢迎的饮料，甚至是许多德国人的生活必需品。咖啡最初源自阿拉伯（qahwa），后流经土耳其（Kahve）、意大利（caffé）和法国（café），最后流入德国（Kaffee）。

（一）德国咖啡历史

德国最早的咖啡馆于1721年诞生于柏林，咖啡馆在德国刚刚开始盛行时就受到了当地政府的诸多限制，所以跟其他国家相比，德国咖啡的发展比较单一，直到19世纪初期，咖啡产业才成为德国人的最赚钱产业之一。19世纪中期，拉丁美洲和中美洲大力发展的咖啡种植业受到废奴运动的影响，于是咖啡园业主开始向欧洲招募咖啡农，许多德国移民就此踏上了巴西、危地马拉的土地。1877年，危地马拉政府为了吸引移民，协助德国移民取得了土地法律，并给予了他们十年所得税减免、六年生产设备关税减免的优惠，在此种一边倒的政策扶植下，到19世纪末，德国人在危地马拉拥有了19%的咖啡田，咖啡产量占该国总产量的40%。靠种植业发财致富的德国人还引来了他们的同乡投资咖啡产地，铺设运送咖啡豆的铁路。同一时期，德国的咖啡商人也趁机做大，垄断了拉丁美洲顶级咖啡豆的经销，至少有80%的危地马拉咖啡豆经德国商人之手运往欧洲各地。

两次世界大战让德国人经历了和其他欧洲人一样的咖啡梦魇，由于距离产地遥远，所以开战后，海上运输线路被封锁，欧洲人闹起了“咖啡荒”。第一次世界大战时，美国于1917年正式宣布对德作战，巴西政府因美国同意采购100万袋咖啡豆作为军粮，也对德国宣战，逮捕了一批定居巴西的德国人，与此同时，美国通过法案没收了德国人在美国的财产。1918年，危地马拉也通过了类似的法案。德国在拉丁美洲的咖啡事业遭到重创，而美国人趁机介入。但这一次的失利，德国人全部在第

二次世界大战初期找补了回来。1939 年，希特勒闪电袭击波兰，欧洲每年 1000 万袋的咖啡生意停顿。1940 年，希特勒军队横扫全欧洲，纳粹关闭所有港口，整个欧洲（除了德国）都处于“咖啡荒”中。战后，德国经济迅速恢复，同时也迅速恢复了其在咖啡贸易中的地位。如今，德国是世界第二大咖啡消费国，消费数量仅次于美国；而从人均消耗量上看，则远远高于美国。

（二）德国人的咖啡节

提起德国饮料，人们首先会想到啤酒，殊不知其实咖啡才是在德国最受欢迎的饮料。德国咖啡协会于 2010 年公布的调查统计数据显示，2009 年德国人均咖啡饮用量约为 150 升，超过啤酒的消费量；此外，德国人的一人份咖啡包（Kaffee Pad）和咖啡粒（Kaffee Kapsel）的消费量也呈现上升趋势，甚至比 2004 年增长了十倍。协会主席哈拉哥・帕伯斯（Holger Preibisch）认为，小袋分装的咖啡之所以这么受欢迎，是因为它满足了消费者渴望便捷和质量合一的需求。

说起德国的传统节日，绝不会有人落下盛大的“慕尼黑啤酒节”，而德国的“咖啡节”却鲜为人知。2006 年 9 月 29 日位于汉堡的德国咖啡协会倡议并设立了“咖啡节”（Tag des Kaffees），组织设计比赛选出咖啡节的 Logo，时仅 26 岁的女大学生 Teresa Habild 凭借简单而高雅的设计获得了冠军。在咖啡节这一天，德国各地会举办丰富多彩的活动，如 2010 年咖啡节的主题是“咖啡——无忧的享受”，咖啡商们在不莱梅广场上展出了自己的产品，还在吕贝克举办了咖啡展览。

（三）德国人喝咖啡的习惯

51% 的德国家庭都拥有一台经典的滤纸滴漏咖啡机，其中 6% 还会使用梅丽塔年代的滤器，手工冲泡香醇的咖啡。虽然滤纸滴漏咖啡机以绝对的优势在德国占据着主导地位，但德国人早已不再满足于滴漏咖啡机冲出的黑咖啡，漂着奶泡的卡布奇诺或牛奶和浓咖啡混合的拿铁咖啡逐渐成为时尚，而且越来越多的德国人愿意为厨房添置昂贵的咖啡磨豆机和 Espresso 咖啡机。追求质量的他们，不再去超市购买真空包装的咖啡豆或者咖啡粉，而是改为购买散发着坚果、巧克力香味的高原咖啡豆或直接到烘焙坊购买。德国人喝咖啡就像我们中国人喝茶一样，基本上家家户户都会喝咖啡。

第三节　大洋洲咖啡文化

大洋洲跨南北两半球，从南纬 47 度到北纬 30 度，横跨东西半球，从东经 110 度到西经 160 度，东西距离 10 000 多千米，南北距离 8 000 多千米;由一块大陆和分散在浩瀚海域中的无数岛屿组成，包括澳大利亚，新西兰，伊里安岛以及美拉尼西亚、密克罗尼西亚、波利尼西亚三大岛群。大洋洲有许多美丽的岛屿，有令人惊叹的大堡礁，有风景如画的澳大利亚，有优美纯净的新西兰，这里充满异域风情，到处都是阳光与海岸。大洋洲咖啡文化始于近代，不像亚非拉美这些咖啡产区那样历史悠久。大洋洲的咖啡种植面积虽然不大，但是由于其良好的气候和湿度，也诞生了不少世界名品咖啡。

一、夏威夷咖啡文化

夏威夷是个人尽皆知的太平洋热带岛屿，除阳光明媚外，也生产咖啡。夏威夷咖啡是美国 50 个州中出产的唯一一种顶级咖啡，美国本土自然是其最大的市场。世界闻名的科纳咖啡就种植在夏威夷岛西南岸火山的山坡上。岛屿地形加上火山土壤使得夏威夷的咖啡具有非常特殊的口感，不会太强烈，不会过酸且有香醇的口感，带有令人愉悦的葡萄酒香与酸味。

（一）夏威夷科纳咖啡的发展历史和特点

科纳咖啡具有悠久的历史。1813 年，一个西班牙人首次在瓦胡岛马诺阿谷（Manoa Valley）种植咖啡，今天，这个地方已经成了夏威夷大学的主校区。1825 年，一位名叫约翰·威尔金森的英国农业学家从巴西移植来一些咖啡树种在瓦胡岛伯奇酋长的咖啡园中。三年以后（1828 年），一个名叫萨缪尔·瑞夫兰德·拉格斯（Samuel Reverend Ruggles）的美国传教士将伯奇酋长园中咖啡树的枝条带到了科纳，这种咖啡是最早在埃塞俄比亚高原生长的阿拉比卡咖啡树的后代。直到今天，科纳咖啡仍然延续着它高贵而古老的血统。1892 年，铁毕卡由危地马拉引进科纳，农民发觉铁毕卡更适应科纳的水土，于是全面改种铁毕卡，这才有了今日著名的科纳铁毕卡（Kona Typica）。科纳咖啡种植在海拔 300 ~ 1 000 米的地方，比起其他咖啡产国算是低海拔种植了，但比起夏威夷诸岛，科纳产区已算高海拔。科纳铁毕卡移植到其他各岛后会因气温过高而生长不顺，略带土味，与正宗科纳铁毕卡的洁净酸香明显有别。

科纳咖啡一直采用家庭种植模式。早期时，只有男人被允许在咖啡园工作，后来女人也加入其中。就风味来说，科纳咖啡豆比较接近中美洲咖啡，而不像印尼咖啡，它的平均品质很高，处理得也很仔细，质感中等，酸味不错，有非常丰富的味道，而且新鲜的科纳咖啡非常香。如果你觉得印尼咖啡太厚、非洲咖啡太酸、中南美咖啡太粗犷，那么科纳咖啡可能会很适合你，它就像夏威夷阳光微风中走来的女郎般清新自然。科纳咖啡豆豆形平均整齐，具有强烈的酸味和甜味，口感湿润、顺滑。

科纳咖啡分为四级，从高到低依次为：Extra Fancy、Fancy、Prime 及 No.1，但因产量少且生产成本高，再加上夏威夷的收入水平高，观光客又多，在近年来精品咖啡需求日益增长的情况下，科纳咖啡的售价极其昂贵，直逼牙买加蓝山咖啡。上好的科纳咖啡豆越来越难买到。

夏威夷最早开始种植咖啡时就已经采用了大规模咖啡种植园的模式，而在当时，咖啡还未成为在全世界范围内广泛种植的农作物，科纳咖啡的生产与销售几经起伏。第一次世界大战爆发以后，咖啡的需求量急剧增加，政府为了保持士兵的作战能力而为他们大量购买咖啡，需求的上涨引发了价格的攀升，科纳咖啡也不例外。从第一次世界大战爆发到1928年的这一段时间是科纳咖啡的黄金时代。但是，随后而来的大萧条给了科纳咖啡沉重的一击。1940年，第二次世界大战使咖啡价格又一次上涨，为了避免价格过度上涨，美国政府为咖啡制定了价格上限，即使这样，夏威夷的咖农还是获得了不少实惠，就连他们运送咖啡果的交通工具都由毛驴换成了吉普车。

到了20世纪七八十年代，科纳咖啡的价格又经历了几起几落，但也是从这个时期开始，科纳咖啡占据了世界顶级咖啡的地位。即使科纳咖啡已经蜚声世界，但其产量依然保持在比较低的水平。现在科纳咖啡的主要产区在夏威夷大岛（Big Island）西南部，长32.2千米、宽3.2千米，涵盖胡阿拉拉（Hualalai）及冒纳罗亚（Mauna Loa）山坡的区域。只有在这一区域内种植并接受最严格认证标准的咖啡豆，才能够冠上“科纳”这个商标名称进行销售，目前大约已经有100家农庄出产的咖啡豆符合以上标准，未来预期会有越来越多的农庄跟进。

从19世纪早期开始，科纳咖啡就在科纳这个地方被种植，从未中断过，而也只有这里出产的咖啡才能被叫作“夏威夷科纳”。

（二）科纳咖啡文化节

科纳咖啡文化节（Kona Coffee Cultural Festival）是夏威夷最古老的美食类节日之一，旨在宣传拥有200多年历史的科纳咖啡，于每年11月举行。在长达10天的节日里，当地会举办近50场和科纳咖啡相关的活动，人们可以品尝到不同风味的科纳咖啡豆，还可以跟着农场主参观咖啡农场，亲手烘焙咖啡，或是参与“咖啡小姐选美大赛”……活动内容非常丰富。

1．“咖啡寻访之旅”

科纳咖啡文化节期间，每天都有不同的咖啡农场提供“咖啡寻访之旅”行程，让人们了解咖啡从种植到烘焙的所有过程，还可以亲手烘焙咖啡豆，贴上专属标签并带回家。“咖啡寻访之旅”的时长通常为2小时，不同咖啡农场的活动内容有所不同。

2．灯笼游行

每年的科纳咖啡文化节都会上演一场灯笼游行（Lantern Parade）来庆祝节日，届时整条Alii Drive都会被各式各样的精致小灯笼点亮。长达三小时的灯笼游行过程中，人们成群结队地走在街上，人手一个小灯笼，表演着传统歌舞。整个夜晚，凯路亚古镇（Kailua-Kona）都会热闹非凡。你也可以凑个热闹，穿上Aloha衫，买上一个灯笼，走在人群中和当地人一起感受节日的气氛。

3．科纳咖啡半程马拉松赛

为了向人们展示夏威夷大岛科纳的美好风光以及当地的优质咖啡豆，100%纯净科纳咖啡半程马拉松赛（100% Pure Kona Coffee Half Marathon）应运而生。参赛者从科纳椰林市场（Coconut Grove Marketplace）开始，途经科纳地区风景优美的海岸线，再跑回椰林市场。赛程结束后，参赛者还将获得一只赛事纪念马克杯。

4．评选“夏威夷Aloha小姐”和“科纳咖啡小姐”

在科纳咖啡文化节期间，还有一项重要的活动就是选出“夏威夷Aloha小姐”和“科纳咖啡小姐”。年轻的姑娘们在参赛过程中将更深入地学习和了解关于科纳咖啡的知识，学习如何更加独特、更加专业地向全世界的咖啡爱好者推广科纳咖啡这一有着悠久历史的咖啡品种，并以此来角逐桂冠。获胜者将有机会前往国外，向全球各地的人们宣传科纳咖啡文化。

5．咖啡甜品食谱大赛

科纳咖啡文化节的咖啡甜品食谱大赛（KTA Super Stores Kona Coffee Recipe Contest）针对烹饪界专业人士、烹饪专业的大学生、业余爱好者以及孩子们开放，比赛一共有两个奖项，分别为最佳甜品奖和最佳风味奖。

二、新几内亚地区咖啡文化

新几内亚岛是太平洋第一大岛屿和世界第二大岛，位于澳大利亚北方，其西半部属印尼，东半部属巴布亚新几内亚。新几内亚种植的是阿拉比卡咖啡树，是蓝山咖啡的“后裔”。新几内亚的咖啡都是由农庄生产的，使用当地天然纯净的水洗去果肉，并且每天更换干净的水，以防止发酵阶段产生臭味;最后，再以太阳晒干咖啡豆，保持咖啡的醇味与自然果香。

当地咖啡豆以“AA”为最高等级，尽管产量不多，但有60%的生豆会被列入“Y”级，可见质量管理的标准相当高。其中，以“雅罗纳”（Arona）咖啡最佳，其次，“西格里”（Sigri）与“欧卡伯”（Okapa）的质量也相当好，不论综合还是单品，在精选咖啡市场中都颇受欢迎。

新几内亚咖啡和牙买加蓝山属于同种，种子是于1927年被从蓝山带到新几内亚的。新几内亚咖啡的种植高度为海拔1370～1800米，大多以小块田地的方式种植，由数以千计的咖啡农组成的合作社负责经营咖啡的产销，主要销往澳大利亚及美国。

新几内亚咖啡的口感浓郁而均衡，带有甘甜味及明亮的酸，有类似葡萄柚的香味，另带一点巧克力味，也有人认为它带有一点核果的味道。

三、澳大利亚咖啡文化

澳大利亚于1900年前后开始种植咖啡，兼有罗布斯塔种及阿拉比卡种，主要种植在澳大利亚东部，大致分布于新南威尔士（New South Wales）北方、昆士兰（Queensland）周边以及诺福克岛（Norfolk Island）等区域。新南威尔士在澳大利亚东南部，是雪莉咖啡的种植区；昆士兰

在澳大利亚东北部，是有名的斯卡伯瑞（Skybury）的种植区；而诺福克岛则是澳大利亚本岛东边、南太平洋里的一个小岛，种有约 20 000 棵阿拉比卡咖啡树。澳大利亚的咖啡豆品质相当不错，带有岛屿豆的特性，香醇而带着温和的酸，有别于中美洲通常带着明亮酸的咖啡豆，其香味略带巧克力味，单品喝或用于调和都很不错。

澳大利亚咖啡文化的发展主要来自于战后的欧洲移民，那时意大利人带着对澳洲来讲还过于先进的机器和技术来到这片大陆，没过多久，Espresso、Latte 和 Cappuccino 就风靡开来，再加上希腊和土耳其的咖啡文化一起交相融合，才形成了现在独特的澳洲咖啡文化。澳大利亚的咖啡文化浓厚、精致、开放，但是绝不高傲，它存在于每一处，以一种润物细无声的姿态深入人心，浸入这个年轻国家的文化骨髓里。澳大利亚是世界上最热爱咖啡的国家之一，更重要的是，澳大利亚的咖啡文化并不局限于内陆城市或时髦的海滨度假天堂，而是深深植根于星罗棋布的乡镇、葡萄酒产区以及各座城市。

澳大利亚人喜欢喝咖啡，这在世界范围内都是非常有名的。曾经有人做过统计，澳大利亚是世界上咖啡需求量最高的国家，除去孩童不饮用咖啡，每一个澳大利亚成年人至少每周要喝上八杯咖啡。如此庞大的需求使得澳大利亚人在咖啡馆里花费的时间绝不少于在餐厅所花的时间，于是客人与咖啡师之间慢慢地就产生了一种联系，人们去咖啡馆除了喝咖啡之外，还得去看看他们的咖啡师朋友。而咖啡店的员工也能准确地叫出每一位熟客的名字。可以说澳洲的每一家咖啡馆都有自己的风格，哪怕是颇具规模的连锁店，都会根据所在地的不同特征调整店铺的装修风格。在澳大利亚，去任何一家咖啡馆，里面的服务生都对自家的咖啡了如指掌，只要你提出对咖啡的要求，他们就可以推荐一杯你想要的咖啡。而且，这些每天要售卖上千杯咖啡的店里几乎不会遇到搞错咖啡、咖啡拉花不美以及摆盘不整洁的状况，店员对待每一份咖啡都是一样精心，不会因为量大、人多而出现任何疏忽的状况，这正是澳大利亚人热爱和尊重咖啡文化的表现。咖啡中最重要的就是咖啡豆了，澳大利亚人并不过分追求产地，而是挑选当年光照和雨水比例最完美的豆子。而且澳洲似乎并不讲究豆子是中度烘焙还是重度烘焙，每一家咖啡店都有一套独特的烘焙手法。而澳大利亚的咖啡师更愿意从种植园或烘焙场直接购买原材料，通过和农场主面对面直接交流，了解每一种咖啡豆的特殊品质，从而产生更多的创作灵感。

过去几十年，澳大利亚的咖啡消费量增长迅速。今天的澳大利亚人，平均每人每年消费 2.9 千克咖啡，而在 50 年前这个数字仅为 0.6。伴随着这股咖啡热潮，咖啡馆如雨后春笋般出现在街头巷尾。在适合室外就餐及品啜的宜人天气里，无论是街头咖啡桌、购物中心、海滩还是公园，人们都可以坐下来享用一杯美味的咖啡。

行业调查公司 IBISWorld 发布的最新行业报告表明，澳大利亚的咖啡馆与咖啡行业将在未来五年继续增长，年均增长率将达到 2.6%，总销售额将达到 49.6 亿澳元。这种增长趋势正使得咖啡成为当地的重要产业。

墨尔本是澳大利亚咖啡文化之都，不过其他城市也正在迎头赶上。墨尔本比其他城市更早地接纳了欧洲文化，这为咖啡文化的发展抢占了先机。如今，墨尔本的咖啡文化发展繁荣，已经融入这座城市的血脉中，同时还为游客提供多种咖啡之旅，带领咖啡鉴赏家和爱好者探索墨尔本的咖啡秘密。

澳大利亚每年都会举行咖啡师大赛，来自全国各地的咖啡师都会聚集在墨尔本切磋技艺，同时还会创作出许多新品种咖啡。澳大利亚咖啡师同样蜚声国际，“2015 年世界咖啡师大赛”的冠军得主就是澳大利亚人。关于咖啡的口味，意大利人最爱意式浓缩咖啡（Espresso），澳大利亚人则钟情于白咖啡（Flat White）。

第四节　美洲咖啡文化

美洲咖啡产地指的是中美洲与南美洲，其产地主要分布在北回归线到赤道的区域。中美洲的几个国家基本上都是咖啡生产国，位于南美洲的巴西更是世界第一大咖啡生产国。

咖啡的传播离不开大航海时代，更离不开殖民文化，美洲的咖啡树是历经艰辛，从非洲经由法国而传入的。因为当时的法国是由波旁王朝所统治的，所以当时进入美洲的阿拉比卡种咖啡还有另外一个名称——波旁。波旁种的咖啡树在气候土壤与非洲截然不同的美洲茁壮生长至今，不但成为美洲最重要的咖啡树种，而且还发展出了与原生地非洲截然不同的特点，成为阿拉比卡种的一个重要的分支。

美洲咖啡是世界三大咖啡产区出产的咖啡之中风味最为平衡的，各种味道均衡发展，不互抢风头但却各具明显特色，因此是许多美食家眼中均衡完美的代表。美洲咖啡通常采用水洗法处理，过程非常仔细，所以咖啡豆的颗粒明显比非洲豆要大一些，而且大小平均许多，生豆当中也不太会掺杂异物。

中美洲拥有的阳光、土地和高山等自然环境优势和充足的劳动人口，使得该地区能够生产出高品质的咖啡豆。在 19 世纪晚期，咖啡已经成为衡量中美洲国家经济成长的指标，所有的中美洲国家均通过了关于咖啡推广的法案，其中尤以哥斯达黎加、萨尔瓦多和危地马拉等国的成效最为显著。

一、巴西咖啡文化

众所周知，巴西不仅有着“足球王国”的美誉，它还是一个被棕榈树和咖啡环绕的国家，有人形象地称巴西为“咖啡界的巨人和君主”。

（一）巴西咖啡的历史

巴西的咖啡产量是世界最高的，这里也是历史最悠久的咖啡产地之一。关于巴西咖啡的起源，有这样一个说法：1727 年，葡萄牙籍军官帕赫塔以美男计诱惑法属圭亚那总督夫人以咖啡种子相赠，之后他才得以把咖啡传入巴西并在北部的帕拉地区试种，由于气候、海拔等原因，咖啡的种植效果并不理想。直到 1774 年，一位比利时传教士在巴西南部气候较温和的里约山区试种，才获得成功，此后，咖啡便在巴西传播开来。而 19 世纪后，由于国际市场糖价走低，南部的矿藏开采殆尽，咖啡成了巴西最重要的物产，使得巴西在不到 100 年的时间内，跃居为世界第一大咖啡生产国。

在二战前，巴西咖啡的产量就已占全球总产量的 50%，到了 20 世纪初，咖啡成了巴西的主要物产，掌握着该国的经济命脉，年产豆量突破 2 000 万袋大关，而当时，全球的咖啡年消费量也不过 1 500 万袋。在国际咖啡市场行情持续走高的刺激下，巴西人大量种植咖啡，甚至连小麦等粮食也依靠进口。然而，大面积的咖啡种植使得生态平衡受到破坏，周期性的霜冻、旱灾和咖啡锈病威胁着巴西咖啡的生产。1975 年首先降临在巴西帕拉纳产区的霜冻，令大约 15 亿株咖啡树被冻死，导致巴西咖啡生产大幅受损。而 1994 年的两次霜冻，更导致咖啡不能采收，不仅巴西损失惨重，也引起了全球咖啡价格的暴涨。现在，巴西对于全球咖啡价格的影响依然是举足轻重的。

（二）巴西人对咖啡的热爱

巴西人对于咖啡的热爱是其他国家的人无法比拟的，据巴西农工业协会统计，巴西人平均每天喝咖啡约 4 杯。毫无疑问，咖啡已经成为巴西的重要标志之一。

巴西人每天早上睁开眼睛后，都要来一杯咖啡，而他们最喜欢喝的咖啡就是 Bica。Bica 就是一种浓缩咖啡，装在一种小杯子里，不仅味道

浓郁醇香，提神效果也是立竿见影。在巴西，无论你走到哪里，不管是清晨还是日落，你都能喝到一杯咖啡，它承载的是巴西人对美好梦想的寄托。

你在巴西的街头随便问一个路人，无论他多大年纪，他都会告诉你："我的一天必须从喝咖啡开始，到喝咖啡结束，随时想喝就用热水冲着喝，一天基本要喝 7 小杯，有时更多。"在巴西生活过的人很容易受巴西咖啡文化的感染，在那里，咖啡就像酒一样，让人上瘾。

（三）巴西咖啡的风格

巴西咖啡产量最大的四个州为巴拉那（Parana）州、圣保罗（Sao Paulo）州、米拉斯吉拉斯（Minas Gerais）州和圣埃斯皮里图（Espirito Santo）州，这四个州的产量加起来占全国总产量的 98%。其中，南部的巴拉那州的产量最为惊人，占总产量的 50%。

很多人不喜欢喝巴西产的咖啡，因为巴西咖啡大多酸度偏低，甜味显著。但是如果细细地品味，你会发现巴西咖啡具有相当复杂的香味体系，尤其是北部沿海地区生产的咖啡，带有明显的碘味，饮用之后可以使人不自觉地联想到大海。巴西咖啡多出口至北美、中东，深受当地人的喜爱。

巴西最有名的咖啡是波旁山多士，不同于巴西人的豪放和富有表现力，它温和、酸味活泼，而且具有清爽调和的风味，是世界上最受欢迎的咖啡之一。

二、哥伦比亚咖啡文化

哥伦比亚位于南美洲西北部，边界在太平洋和大西洋，西北到巴拿马，东到委内瑞拉，东南到巴西，南部临秘鲁，西南临厄瓜多尔。

1808 年，一名牧师从安的列斯经委内瑞拉将咖啡首次引入哥伦比亚。如今，该国是继巴西之后的第二大咖啡生产国，是世界上最大的阿拉比卡咖啡豆出口国，也是世界上最大的水洗咖啡豆出口国。

哥伦比亚是世界上最大的优质咖啡生产国，当地咖啡是少数被冠以国名在世界范围出售的原味咖啡之一。在质量方面，它获得了其他咖啡无法企及的赞誉。

（一）哥伦比亚咖啡文化景观

哥伦比亚咖啡文化景观位于哥伦比亚西部安第斯山脉的中西部山麓之间，以其独特的咖啡种植方式享誉全球，2011年作为世界文化遗产列入《世界遗产名录》。

据世界遗产委员会简述，哥伦比亚咖啡文化景观是可持续且富有生产能力的文化景观的杰出代表，同时它也代表着一项独一无二的传统，是一项对于全世界的咖啡种植区来说都具有强烈含义的传统。

哥伦比亚咖啡文化景观由6处农业景观和18个城市中心所组成。这里上百年的咖啡种植传统主要表现为在乔木林中进行小块种植，以及当地农民为了克服高山环境的不利影响所采取的独特咖啡种植方式。景观内的城区主要位于相对平坦的山顶，山顶下方的坡地则分布着咖啡地。城区建筑受西班牙影响，以安蒂奥基亚（Antioquia）殖民建筑为主。这些建筑采用的建筑材料——也是今天有些地区仍旧采用的建筑材料，是用来做墙壁的掺有禾秆的黏土砂浆和压缩过的甘蔗，以及用来做屋顶的黏土瓦。

（二）哥伦比亚咖啡的种植历史

哥伦比亚咖啡种植的历史可以追溯到16世纪的西班牙殖民时代，说法有很多:其一，从加勒比海的海地岛经中美洲的萨尔瓦多从水路传来的。其二，1808年，一名牧师从安的列斯经委内瑞拉将咖啡豆首次引入哥伦比亚。其三，西班牙传教士何塞·古米拉（Jose Gumilla）在名为《奥鲁罗省见闻》的书中描写了他于1730年在Meta河两岸传教时的见闻，其中提到了当地的咖啡种植园。到了1787年的时候，其他传教士已经把咖啡传播到了哥伦比亚境内的其他地方。

（三）哥伦比亚咖啡的品质特征

哥伦比亚咖啡的区域性很强，当地的咖啡种植区位于安第斯山脉，山阶提供了多样性气候。这里整年都是收获季，在不同时期，不同种类的咖啡相继成熟。而且幸运的是，哥伦比亚不像巴西，不必担心霜害，出产的咖啡豆颗粒饱满，香味浓郁，口感绵软柔滑，深受世界各国人们的喜爱。哥伦比亚有案可查的咖啡树大约有 7 亿株，其中 66% 以现代化栽种方式种植在种植园内，其余的则种植在传统经营的小农场内。

最重要的种植园位于麦德林、阿尔梅尼亚和马尼萨莱斯地区。其中，麦德林地区的咖啡质量最佳，售价也最高，其特点是颗粒饱满、香味浓郁、酸度适中。

哥伦比亚对产品开发和促进生产的重视以及优越的地理条件和气候条件，使得哥伦比亚咖啡质优味美，誉满全球。哥伦比亚特级咖啡是阿拉比卡种咖啡中相当具有代表性的一个优良品种，具有浓烈而值得回味的味道，香气浓郁而厚实，带有明朗的优质酸性，高均衡度，有时具有坚果味。不论是外观还是品质，哥伦比亚特级咖啡都相当优良，迷人且恰到好处。

哥伦比亚咖啡经常被简述为具有丝一般柔滑的口感，在所有的咖啡中，它的均衡度最好，口感绵软柔滑。烘焙后的咖啡豆会释放出甘甜的香味，具有酸中带甘、苦味中平的良质特性，因为浓度合宜，常被应用于高级的混合咖啡中。它散发出的淡而优雅的香味不像巴西咖啡那么浓烈，也不像非洲咖啡带着酸意，而是一股甘甜的淡香，低调而优雅。

（四）哥伦比亚人喝咖啡的习惯

在哥伦比亚，喝咖啡是一种享受，不仅一日三次必不可少，大街小巷更是开满了咖啡馆，从早到晚顾客盈门、座无虚席。咖啡馆里绝无速溶之说，都是现煮现卖，店员用精致的瓷碗斟好咖啡后，恭恭敬敬地送到顾客面前，由顾客随意加糖。室内香气弥漫，杯中香甜可口，慢慢品来余味无穷，难怪当地人个个嗜之成瘾。

在安第基奥大学，每个办公室里都有一块小纸牌，上面写着“咖啡时间”，如若主人暂时外出，多半会把这个牌子挂在门口，这个理由似乎是天经地义的，即使是对那些坐班的行政人员也是如此。而在麦德林的任何一家饭店，顾客用完餐后，店员都会端上免费饮品——咖啡。由此可见，咖啡在哥伦比亚是何等深入人心。

三、美国咖啡文化

美国的咖啡文化实际上是从欧洲那里学来的。美国土地辽阔，是多民族国家，自然不会采取单一方式享受咖啡。不过总的来说，美式咖啡浅淡明澈，几近透明，甚至可以看见杯底的褐色咖啡。在美国，咖啡已经成为人们生活的一部分，在经典美剧《老友记》中，六个主人公在下班或无事时都会去咖啡店里喝上一杯咖啡，这可以说是美国人的咖啡生活的缩影。美式咖啡源于意大利，却与意式咖啡有很大的不同，相比意式咖啡的醇厚，美式咖啡更加自由随性，这也造就了如今的美国咖啡文化。

（一）美国的咖啡馆

美国的第一家咖啡馆是1691年在波士顿开业的伦敦咖啡馆（London Coffee House），后来，世界上最大的咖啡专卖店也诞生在波士顿，不幸的是，这家店在开业10年之后毁于一场大火。美国早期的咖啡馆是效仿伦敦的咖啡馆建造的，不过比后者略显庄重。像伦敦劳埃德先生的咖啡馆一样，美国的咖啡馆也是洽谈生意、传播信息的绝好去处，里面甚至还设有用作审判、拍卖以及传播交易的会议厅，不过，当时茶在饮品中还占据着主宰地位。1767年，英国国王乔治三世为提高税收，颁布了印花税法。1773年，英国政府为倾销东印度公司的积存茶叶，通过了《救济东印度公司条例》，该条例免缴高额的进口关税，只征收轻微的茶税，这打压了英国本土的茶叶销售，引起北美殖民地人民的极大愤怒，示威者们乔装成印第安人的模样潜入商船，将东印度公司 3 条船上的 342 箱茶叶全部倾倒入海，由此引发了轰动一时的“波士顿倾茶事件”，此后咖啡才变成了美国最普遍的饮料。

如今，就像美国流行的快餐文化一样，美国的咖啡馆大多也体现了一种快节奏的生活方式。

（二）美国人喝咖啡的习惯

从西部牛仔用平底锅炒咖啡豆，到引入法国人发明的“沸煮壶”，尽管美国人煮咖啡的方式让人不敢恭维，但他们却一直坚持着“好咖啡一定要新鲜烘焙”的优良传统。据说，在战争期间，野战的士兵为了喝到新鲜的咖啡，甚至随身携带炒锅和研磨机。

南北战争期间，博恩斯发明了热风式咖啡烘焙机，在阿巴库等公司的商业运作下，人们在杂货店购买生豆的习惯迅速改变。19 世纪末时，美国人已经基本放弃了购买生豆自己烘焙的方式，而改为购买烘焙好的咖啡豆。当然他们并没有改变注重新鲜的习惯，于是商家祭出各种法宝来打“新鲜、方便”牌，如瑰宝公司的送货马车直接把烘焙好的瑰宝咖啡豆送到客人的家门口；蔡斯与桑邦公司在包装袋上标注烘焙日期等，后者的做法甚至被沿用至今，并影响了几乎整个食品行业。

如今美国人均每年咖啡消耗量近 4.54 千克，虽然不如欧洲的芬兰等国家，但其总量却雄踞世界之首。事实上，美国一直是世界排名前三位的咖啡消费大国。在美国，几乎每个街角都会有一家咖啡厅，大家见面寒暄甚至是搭讪时都会问一句“来杯咖啡吗？”如今，美国人对于咖啡的热爱已经深入骨髓，咖啡对于他们已不仅仅是清晨提神醒脑的饮品，还是一种文化、一种社交手段。

美国人喝咖啡就像进行一场不需要规则的游戏，随性放任，百无禁忌。

对于欧洲人冲调咖啡时的种种讲究，美国人是不屑一顾的。他们喝咖啡喝得自由，咖啡也同时深入他们的生活中难以分离，影响之深甚至达到了没有咖啡不算生活的地步。

美国的生活节奏比较忙碌紧张，美国人不像欧洲、中东一带的人那样能以悠闲的心情享受生活，表现在喝咖啡方面，他们经常是一大壶电热过滤式咖啡（Drip Coffee Marker），从早喝到晚，由于水加得多（10 克的咖啡粉加 200 毫升的水），滋味特别淡薄，因此有很多人批评美式咖啡实在难喝。其实，在美国，咖啡爱好者只要多费点心，还是可以品尝到自己喜爱的咖啡的。当地的美式咖啡分为浓淡两类，一般来说，美国东岸的人比西岸喝得浓，南方又比北方浓。以民族而言，南欧及拉丁裔比英、德、北欧移民更偏好味道浓烈的咖啡。

另外，美国虽然是最大的即溶咖啡外销国家，但美国当地喝即溶咖啡的人却不多。近年来，由于人们日益重视饮食健康，市场中无咖啡因咖啡（Coffeeineless Coffee）的销量渐增，而喝咖啡不加糖的风气也越来越普遍。

（三）美国精品咖啡文化

如今仍有很多居住在美国中西部地区的人从未听说过精品咖啡，这并不是在开玩笑。但从另一个角度来看，如果我们计算一下受精品咖啡文化影响的消费者在美国总人口中的比重，我们就会发现，有些消费者虽然对精品咖啡一无所知，但他们同样喜欢喝中度和浅度烘焙、口味纯正的咖啡。事实证明，大部分美国人已经完全摒弃了传统的深度烘焙咖啡，越来越多的人在喝咖啡时开始追求更加丰富的口味特征。

现在的年轻人喜欢手工打造的高品质商品，他们推崇匠人精神，因为他们认为手工打造的商品更加时尚，咖啡也是如此。如今的消费者真正看中的不仅仅是咖啡的品质，更是喝咖啡的过程，即我们所说的咖啡体验。

（四）旧金山咖啡文化

1848—1855 年，旧金山的人口激增了 180%，当时，旧金山的港口成为通往拉丁美洲和夏威夷的主要门户，这使咖啡开始在旧金山盛行。大洋航线日趋完善，移民与日俱增，意大利移民把浓缩咖啡和拿铁咖啡带到了旧金山。在移民文化和人口激增的影响下，人们对咖啡的需求不断增长，第二次移民浪潮巩固了咖啡在旧金山市场的地位。

有时候，旧金山看上去就像是某个欧洲城市的翻版，因为这里有太多的咖啡屋。旧金山人对咖啡的钟爱近乎疯狂，他们倾向于用咖啡匙度量生活，这里至少有 40 种点咖啡的方法，大约有 250 种咖啡的配方值得尝试。旧金山人习惯于把咖啡屋当作社区的中心，他们在那里交朋友、听诗歌、阅读另类刊物。其中，诗朗诵和读报是咖啡文化的基本组成部分，当地咖啡文化的精髓体现在四种特色咖啡上，即 Espresso、卡布奇诺、拿铁和摩卡。另外，柠檬汁、香草等也很受旧金山人的喜爱，它们是当地人喝咖啡时常见的调料。

四、牙买加咖啡文化

牙买加是位于加勒比海的一个小岛国，面积约 11 000 平方千米，人口约 280 万。牙买加咖啡局是依据 1948 年的咖啡业管理法建立的一个法定机构，在牙买加咖啡业扮演着监管者的角色，负责规范咖啡苗圃种植的许可经营和咖啡的加工买卖，并制定及执行咖啡的质量标准，以及保护牙买加蓝山咖啡和牙买加高山咖啡品牌。

1725 年，尼古拉劳斯爵士（Sir Nicholas Lawes）将第一批蓝山咖啡种从马提尼克岛（Martinique）带到了牙买加，并种植在圣安德鲁（St. Andrew）地区。今天，圣安德鲁产区仍然是蓝山咖啡的三大产区之一，其他两大产区是波特兰（Portland）产区和圣托马斯（St. Thomas）产区。1725—1733 年，牙买加出口咖啡约 375 吨。1932 年，咖啡生产达到高峰，收获的咖啡多达 15000 多吨。另外的 12000 公顷土地用于种植其他两种类型的咖啡（非蓝山咖啡），即高山顶级咖啡（High Mountain Supreme）和牙买加咖啡（Prime Washed Jamaican）。其中，一些小庄园也种植蓝山咖啡，如瓦伦福德庄园（Wallenford Estate）、银山庄园（Silver Hill Estate）和马丁内斯（J. Martinez）的亚特兰大庄园（Atlanta Estate）等。即使是当地最大的庄园，按照国际标准也属于小规模种植，其中许多庄园的庄园主都是小土地拥有者，他们的家族已经在这块土地上劳作了两个世纪之久。

蓝山最高峰的海拔为 2 256 米，是加勒比地区的最高峰，据说从前抵达牙买加的英国士兵看到山峰上笼罩着蓝色的光芒，便大呼："看啊，蓝色的山！"蓝山由此得名。实际上，牙买加岛被加勒比海环绕，每当天气晴朗的日子，灿烂的阳光照射在海面上，远处的群山就会因为蔚蓝海水的折射而笼罩在一层淡淡幽幽的蓝色氛围中，显得缥缈空灵，颇具几分神秘色彩。

真正的蓝山咖啡的种植条件是世界上最优越的，牙买加的天气、地质结构和地势共同为其提供了得天独厚的理想种植环境。横贯牙买加的山脊一直延伸至小岛东部，蓝山山脉高达 2 100 米以上，空气清新，没有污染，气候湿润，年平均降雨量约为 1980 毫米，气温 27℃左右。在那里，人们使用混合种植法种植咖啡树，使之在梯田里与香蕉树和鳄梨树相依相傍，高山上阴凉的气候有效延长了咖啡的成熟期。另外，昼夜温差的冲击可以减缓咖啡豆中的淀粉转换成糖的速度，从而增加了咖啡的浓郁香味。蓝山地势非常不平坦，采收的过程非常困难，而采收咖啡的工人几乎全都是女性。所有外销的蓝山咖啡豆都必须经过牙买加咖啡工业局的详细审查。蓝山咖啡与其他咖啡在运输方面的区别是，蓝山咖啡要使用容量为 70 千克的木桶运输，这种木桶是瓜德罗普岛 20 世纪所生产的博尼菲尔（Bonifieur）木桶的仿制品，最初用于装载从英国运往牙买加的

面粉，通常带有商标名和生产厂家的名称。咖啡业委员会为所有的纯正牙买加咖啡发放证书，并在出口前盖上认可章。

牙买加蓝山咖啡味道丰富浓郁，酸味适度而完美、清爽而雅致，滑润爽口，醇香浓烈，不仅是咖啡中的极品，更被誉为“国王的咖啡”。就像劳斯莱斯汽车和斯特拉迪瓦里的小提琴一样，当某种东西获得“世界上最好”的声望时，这一声望往往就使它形成了自己的特色，并变成一个永世流传的神话。

第五节　亚洲咖啡文化

数百年来，饮用咖啡的习惯不仅由西方传到了东方，甚至俨然已经成为锐不可当的流行风潮。亚洲的咖啡文化独具特色，亚洲人更看重咖啡的冲泡和饮用过程。在这里，咖啡与消费者之间的互动更紧密。咖啡自传入亚洲开始，就展现出了浑厚沉稳的一面。亚洲咖啡豆的质感稠密，极具厚实感，甘味强而圆润，相较之下，香气与酸味就显得有些保守。不过，奔放的感觉本来就不是亚洲咖啡豆的长处，亚洲豆强调的是如金字塔底部般庞大浑厚的口感，还未入口就已经能令人感觉到质感厚重的香气。

一、印度尼西亚咖啡文化

印度尼西亚的咖啡历史始于1696年荷兰殖民印尼期间，巴达维亚（即今日的雅加达）由香料农场变成了一个咖啡产地，而爪哇和苏门答腊也成为如今举世闻名的世界咖啡出口地。咖啡作为经济作物而被印度尼西亚认知已经有300多年了，经历了漫长的发展时期。

（一）印度尼西亚咖啡文化的发展

印度尼西亚的咖啡文化与东盟的许多其他国家没有差异，都是由根深蒂固的当地咖啡文化与来自美国的浓咖啡饮用方式相结合而形成的，印度尼西亚人喝咖啡的潮流可以分为两个时期。

1．黑咖啡时期

可以说，从过去到现在，印度尼西亚人都坚持饮用黑咖啡，黑咖啡早于浓咖啡被印尼人所认识。当地人喜欢喝袋装速溶咖啡和一种叫作客匹塔布鲁克（Kopi Tubruk）的黑咖啡，价格大约为 3000 卢比。印度尼西亚人喝咖啡时，喜欢以炸香蕉搭配土耳其风格的热咖啡，如果有人喜欢喝冷咖啡，便在喝咖啡前把咖啡沿着盘子倾倒下来，以降低温度。当地的咖啡店备受男女老少的青睐，特别是喜欢社交和说故事的男人们，他们会在这里吸上一根烟，一边喝咖啡一边打发时光。

2．浓咖啡时代

意大利式浓咖啡产生之初，由于只在部分酒店里售卖，价格也比较高，因此没能流行，直到 2004 年，咖啡连锁店巨头星巴克才在印度尼西亚实现了对浓咖啡的传播。虽然印度尼西亚的咖啡消费持续增加，但是印度尼西亚人坚持把咖啡当作是一种社会活动或是娱乐需求，而并非像其他很多国家一样，把咖啡当作日常生活不可或缺的东西。相比于其他国家的人在上班前总是会买上一杯咖啡，印度尼西亚人往往是在下班以后喝咖啡，咖啡店是当地人下班后交谈的地方。无论如何，现在越来越多的印度尼西亚人认识了优质咖啡，并开始把咖啡看作一种生活方式。

（二）印度尼西亚咖啡馆

印度尼西亚如同很多其他东盟国家一样，国内咖啡市场和独立咖啡厅是从美国巨头品牌进入市场后才开始发展的。这一重要的现象，改变了人们对咖啡与生活的看法，并鼓励着本地企业开设自己的咖啡馆。目前印度尼西亚咖啡正处于发展中，特别是在一些大城市，其市场正在增长，消费者开始更多地了解咖啡。咖啡独立店和连锁店在过去的 6 ～ 7 年不断壮大，而在未来，咖啡业务仍将继续增长，这有助于提高印度尼西亚的咖啡生产和咖啡消费，并促使更多的当地咖啡馆产生。印度尼西亚咖啡馆还有一个不容忽视的重要特征，那就是咖啡店的老板会自豪地向客人推荐当地的咖啡，即使是像星巴克这样的大品牌，也会使用当地提供的产自苏门答腊的优质咖啡，以满足客户的需求。

印度尼西亚的消费者对优质咖啡有了更多的认识，随之而来的便是特种咖啡店数量的增加。按照咖啡店主的说法，在像雅加达、泗水、万隆、巴厘这样的大城市，特种咖啡店增长迅速，这也表明了消费者对咖啡的相关知识有了更多的了解，咖啡店主必须选择优质的咖啡材料。

（三）曼特宁咖啡

印度尼西亚的知名代表性咖啡是爪哇和苏门答腊曼特宁，生产咖啡豆的区域主要在爪哇、苏门答腊和苏拉威西三个岛，皆属火山地形。

苏门答腊曼特宁咖啡的种植始于 18 世纪，当时的种植区在靠近塔瓦尔湖的亚齐省。现在，几乎大部分的苏门答腊咖啡种植区都位于南边的林东区和苏布区。苏门答腊咖啡因为种植区域之间的差异不大，所以不以产区作为区分标准，倒是采摘、处理方式对咖啡的风味影响较大，而坊间著名的“黄金曼特宁”正是日本人对这些程序予以严格管控之后的优良产品。人们普遍认为，印尼的咖啡豆香味浓厚而酸度低，略带一点类似中药及泥土的味道。苏门答腊山区出产的曼特宁因质感丰富而世界闻名。

曼特宁是全世界最适合深烘焙的咖啡豆之一，其中一个重要的原因是它在深度烘焙之后，本身的特质并不会消失。曼特宁厚重的风味与低酸度，加上浓稠如中药的口感使它在亚洲地区非常受欢迎。事实上，品质优良的曼特宁也非常适合中浅烘焙，在这样的烘焙程度下，它可以展现出不错的水果风味。

苏门答腊苏北省的多巴湖和亚齐省的塔瓦尔湖区域都出产曼特宁咖啡，这就是著名的“两湖双曼”。

黄金曼特宁咖啡的香气浓郁而厚实，带有明朗的优质酸性，高均衡度，有时具有坚果味，令人回味无穷。浅焙的口感极为干净，酸味与甜味都很丰富；深焙会有极深沉的质感与浓厚的口感。

爪哇岛出产的罗布斯塔豆具有独特的气味，因油脂丰富而常被用来制作意式浓缩咖啡。苏拉威西出产的咖啡则被评为有特别的草本气息，深沉而干净。

（四）猫屎咖啡

许多世界闻名的上好咖啡豆都出自于印尼，世界上最昂贵的咖啡之一——猫屎咖啡（Kopi Luwak）就是其中一种。18 世纪初，荷兰人同时在爪哇岛和苏门答腊岛的殖民地建立了咖啡种植园，并从世界各地引进了阿拉比卡咖啡豆。到了 19 世纪中期，殖民者开始禁止当地农民和种植园的工作人员采摘咖啡供自己享用。但早就深深爱上咖啡的人们怎么能忍痛割爱？当地人民对咖啡朝思暮想，终于有一天，他们发现麝香猫非常喜欢偷吃咖啡果。不过这些麝香猫的胃不能消化咖啡豆，因此咖啡豆便留在了它们的粪便中。当地人便收集这些有咖啡豆的粪便，然后清洗、烘烤、研磨，用它们来制作自己挚爱的咖啡饮料。随后这种猫屎咖啡就传到了种植园主的耳朵里，并很快成了园主的最爱。但由于猫屎咖啡数量稀有且制作过程不寻常，因此即使是在殖民时期，价格也很昂贵。

咖啡豆被麝香猫吃下之后，咖啡豆的蛋白质会在胃中被分解，且很多其他成分也会发生改变，这一过程减少了咖啡的苦涩度和酸度，也就突出了咖啡的香醇，同时更加丝滑质朴。麝香猫也会吃下其他的食物，如樱桃和浆果等，因此咖啡的味道可能随着它摄入的各种食物而发生改变，而后期的收集、清洗和焙烤等工序都会对咖啡的口味产生一定的影响。比较正宗的猫屎咖啡是收集来自野生椰子狸（麝香猫的一种）的粪便而得到的。

二、越南咖啡文化

越南种植咖啡的历史并不久远，法国人登陆越南开始长达一个世纪之久的殖民统治时把他们最引以为自豪的休闲饮料——咖啡带到了这里，从此咖啡便在越南生根发芽。虽然法国已经退出了越南的政治舞台，但是一百年的殖民统治对一个国家的影响是巨大的，或许，法式文化生活的烙印永远也不会消除，它已经成为越南文化的一部分并将被传承下去。走在越南街头，如果不是炙热的太阳和黝黑的亚洲面孔，随处可见的法语标识会让人有一种身处法国街头的感觉，尤其是临街而立、数不胜数的咖啡小馆和用色彩鲜艳的帆布搭建的露天咖啡馆，更让越南在亚洲的国家中显出几分与众不同的法式风情。

（一）越南咖啡生产情况

越南的地理位置十分有利于咖啡种植，越南南部属湿热的热带气候，适合种植罗布斯塔咖啡，北部适于种植阿拉比卡咖啡。越南的咖啡种植面积约为5000平方千米，10% ~ 15%属于各国有企业和农场，85% ~ 90%属于各农户和庄园主。

越南咖啡生产的特点包括：①由于没有有效方法处理落叶，因此，在20世纪80年代早期，越南选择以中粒种咖啡作为主栽品种。②以种植技术为参考依据，确定了咖啡种植方法，即在越南南部湿热气候条件下，高密度种植、大量灌溉、过度施肥、不种植遮阴树以获得最大产量，充分发挥中粒种咖啡的生产能力。许多咖啡种植园单产可达到30 ~ 40千克/平方千米，有些种植园的单产甚至高达80 ~ 90千克/平方千米。③充分利用越南中部高原旱季的太阳能干燥、加工咖啡。

越南咖啡香味较浓，酸味较淡，口感细滑湿润，香醇中微微含苦，芳香浓郁，提神醒脑，代表性产品是摩氏咖啡（MOSSY）、中原咖啡（G7 coffee）、西贡咖啡（SAGOCAFE）和高地咖啡。摩氏咖啡口感浓郁醇厚，香甜中带着微苦，口感饱满而顺滑；高地咖啡创始人 David Thai，1972 年在越南出生，6 岁移民西雅图，在星巴克原乡的耳濡目染下，24 岁的他决定回国创业。1996 年他到河内补习了一年的越语，后又到日本、泰国、新加坡等亚洲国家进行了考察，两年后创建了高原咖啡，隶属于越泰国际联合股份公司

（二）越南咖啡馆

越南咖啡馆分为很多种类，一类是拥有固定店面的咖啡馆，和大多数咖啡馆一样，这类咖啡馆为顾客提供各式咖啡及一些点心，客人可以选择在这里消磨上半天的时光。在越南，这样的咖啡馆在繁华的大道上可谓三步一店。另一类是露天咖啡馆，这种咖啡馆没有门面，到了开门营业的时候，老板就会从街道深处的家里搬出别致的小高脚桌和几张椅子，摆在树荫下，支起遮阳伞在街头做生意，喜欢日光浴的人们便会随意地坐下来，一边欣赏街头不断骑着摩托车驶过的美女，一边享受口味醇厚地道的越南咖啡。还有一类是最为特别的，没有店面，没有桌子，更没有遮阳伞，只有一个手推车和一位打扮酷炫的越南男孩，这种流动的咖啡馆其实是最受欢迎的，它们遍布大小街头，游走在城市街道上，哪里有生意就会停在哪里。行人们如果想喝上一杯咖啡，只需要招手示意，就可以享用了。

（三）越南咖啡的冲泡方式

殖民时期留在越南的法国人后裔把咖啡当作每日的茶点，越南本地人也深受其影响，喝咖啡成了生活在越南的人们最重要的生活方式。在越南，最特别的咖啡冲泡方法是滴漏式，虽然这并不是越南人的独创发明，但是只有在这里才能感受到最传统、最地道的滴漏式咖啡冲泡法。这种滴漏式咖啡冲泡法是法国人发明的，现在，原始的滴漏咖啡冲泡法在法国已很难觅得踪迹，没想到却被越南人完好地保留了下来。

越南法式滴漏咖啡冲泡法采用的是越南人特制的滴漏壶，简单而又精巧，铝制或不锈钢制的直径 7 厘米左右的圆筒，底部是密密麻麻的小孔，把研磨的咖啡粉平铺在筒底，压上一片有洞孔的金属片，压紧盖子，放到样式古老的印花玻璃杯上，倒上热水，然后等待即可。讲究一点的，会在做热咖啡时把杯子架在一个加满开水的大碗里保温，因为滴完一杯咖啡可能要用十分钟，热咖啡会凉掉。有人则喜欢在杯底下加一层很甜的炼乳，等咖啡都滴到杯子里，再把黑咖啡和白炼乳混合起来喝。只有在越南这样的地方，人们才能够花上十分钟等待一杯咖啡，然后再花上几个小时来品尝，这里的人们仿佛永远都在度假，满街的咖啡香气让整个城市都散发着安逸的气息，伴随着炎热的气候及那平和悠长的越南语音，一切都那么闲适自得。

（四）越南人喝咖啡习惯

热咖啡不是越南人的最爱，东南亚热带气候下的越南人更钟情于冰咖啡，经过上述过程炮制好一杯咖啡之后，再用碎冰块填满整个杯子。这里的冰块是很有讲究的，是直径 1 厘米左右、中空的冰块，这种形状的冰块最受欢迎，它能够让热咖啡迅速遇冷并与冰块充分融合产生一股奇特的混合着奶油的咖啡香，而且喝完咖啡，冰块也刚好化完，不会浪费。

如果有人问“在越南的什么地方才可以喝到上好的咖啡”，那么他一定不是越南人，也不了解越南。在越南，不论是在高档的酒店咖啡馆、装修豪华的咖啡厅，还是在街头的露天咖啡馆，甚至是在推着手推车沿街叫卖的咖啡小贩那里，都可以喝到最正宗的咖啡。咖啡的味道首先取决于咖啡豆的品种和产地，然后是烘焙和炮制过程。在越南这种优良的咖啡产地，再加上知名的奶油烘焙咖啡豆方法，你很难找到不好喝的咖啡。即便是最简易的，用手推车卖咖啡的小贩，也不会在制作咖啡的过程中偷工减料，因为他们知道用最经典的滴漏法冲泡最纯正的咖啡是越南人最在意的事情，所以，不用担心在越南是否能够喝到好咖啡，更不用担心街边小贩冲泡咖啡的水平。更重要的是，街头小贩的咖啡不仅好喝而且便宜，一杯咖啡只要两三块人民币，味道绝不亚于星巴克的咖啡，这也解释了为什么星巴克在越南各城市的扩张规模要远远小于其他国家。

三、日本咖啡文化

咖啡最早是由荷兰传教士和商人带入日本的，时间大约在1630年，不过当时日本人完全不接受这种怪异的饮料。直到明治维新时代，日本社会掀起“西学”之风,人们才在渐渐接受先进的西方工业化文明的同时，接受了他们的生活方式之一——咖啡。

（一）日本咖啡馆

最早的咖啡馆出现在“会馆”里,也就是专门接待外国使节的宾馆里。这些会馆大多位于港口城市，如神户、横滨等地。此后，咖啡逐渐进入日本上流社会人群的生活中，成为“高级饮料”。1883年，日本为了迎合西洋达官显贵的需要，特地建造了豪华宾馆——“鹿鸣馆”，宴会上的一切均按照“法式全餐”模式进行，从餐前酒到餐后的咖啡，都正式列入了菜单。

18世纪中期，当时担任幕府翻译的郑永宁意识到不只要会中文，英文和法文也很重要。郑永宁有三个儿子：郑永邦、郑永昌和郑永庆。郑永庆年轻时曾到美国耶鲁大学留学，后来又到了伦敦，而且曾经在巴黎学习过法语。年轻的郑永庆没有承接家族的翻译事业，而是走上了另外一条路——把在西方所见到的咖啡馆移植到日本，他于明治21年（1888年）在东京开了日本第一家咖啡馆——可否茶馆。当时西方的咖啡馆里聚集了很多知识分子，他们在这里讨论、分享新的知识。郑永庆也试图在日本创造一个新的文化空间，便在可否茶馆里放了很多书报杂志，还陈列了许多来自西方的新奇物品，但是当时风气尚未开化，加上不擅经营，

可否茶馆最终宣告破产。

事实上，日本人早在郑永庆开设咖啡馆之前就已经接触咖啡了，只是当时咖啡还被当成药物使用。日本关于咖啡最早的纪录出现于18世纪末与荷兰人之间的生意账簿。一开始人们不知道怎么翻译“koffie”，找到“可否”“可非”“骨非”“骨喜”“加喜”等字代之，最后才写成“珈琲”。郑永庆虽然没有成功，但是咖啡店在可否茶馆倒闭十几年之后逐渐在日本风行起来。从明治时代晚期到大正初期，也就是19世纪末至20世纪初，在东京、横滨、大阪和神户等西化较早的城市里，众多咖啡馆如雨后春笋般接连开设起来。2000年之后，咖啡馆开始爆发式地在东京流行起来，咖啡馆在日本流行主要是因为能够满足人们对都市生活的潜在需求。

作为文化融合对传统生活方式的妥协，日本的许多咖啡馆里仍然会有绿茶售卖。日本是绿茶的消费大国，每年大概消费10万吨，即使是喜爱西方文化的年轻人也对绿茶爱不释手，因此，在咖啡馆里提供绿茶是十分平常合理的事情。

水野龙从巴西政府拿到大量免费的咖啡豆，在银座八丁目开设了第一家老圣保罗咖啡馆，由于咖啡豆的取得成本相当低廉，所以咖啡卖得也不贵，吸引了许多大学生和年轻的知识分子在此讨论、逗留。后来，老圣保罗咖啡馆也在日本的各大城市都开设了分店，成为世界第一家咖啡连锁店。日本市场的打开，一方面使得巴西的咖啡价格回升，挽救了巴西的咖啡业;另一方面，也使得巴西的咖啡豆不再受到西方强权的控制，同时日本也有了稳定的咖啡豆来源。

在东京或是京都，成为一间好的咖啡馆的基本条件就是能够制作手冲咖啡，手冲咖啡不是机械化、规格化的，它追求的是个别化、特殊化和风格化。在日本，一杯咖啡的价钱为人民币12 ~ 13元，日本的年轻人把去咖啡馆看作都市生活的一部分，是休闲娱乐的好场所。从20世纪

90 年代开始，咖啡馆逐渐成为日本各大城市街头的一道独特风景线，日本的绝大多数咖啡馆并没有原样移植欧美的风格，也不像我国装修得那样豪华，虽然表面上看起来，日本是时尚潮流最忠实的拥护者，但日本的咖啡馆更多地表现出中西方文化的碰撞。日本好像是一块大海绵，对于多元文化有特别强的吸收和消化能力，日本人有将外来文化本土化的能力，咖啡馆就是一个很好的例子。日本的咖啡馆是最具有混合文化特质的场所，通常设计独到，内部装潢融合了功能性和多元文化的综合特点，在提供饮料和简单食物之余，咖啡馆也通常被设计成人们学习、读书、会谈和交友的场所。而且，每个咖啡馆的饮料单都会及时更新，即使是老顾客也能随时有新的发现。

（二）日本人饮用咖啡的习惯

日本是世界第三大咖啡消费市场，据 2019 年数据统计，在东京 1 350 万的人口之中，有超过八万家的咖啡馆，数量多到几乎每个街角都有，而且风格各异。作为紧随美国和德国之后的世界第三大咖啡进口国，2011 年，日本进口咖啡豆 40 多万吨，2017 年，日本人年均消费 354 杯咖啡。日本人喝咖啡的主要场所是在家里，约占 62%，在学校和工作场所饮用咖啡的人数也在显著提升，而在专业咖啡馆里喝咖啡的人数开始逐年下降。

世界上顶级、最贵的咖啡在日本，而最通俗的咖啡也在日本，除速溶咖啡外，日本是最早推出罐装（液体）咖啡的国家。虽然在不同的地方都可以买到速溶或是罐装的咖啡，但日本人不会觉得那是在喝咖啡，纯粹只是为了提神，就像每家分店的陈设都相似的星巴克一样，没有风格，也缺乏品位。

日本人利用炭火烤制咖啡豆，使其从里到外均匀受热，因而有效地避免了咖啡组织结构遭到破坏。用日本人自己的话讲：这种方法具有远红外线的效果。

日本虽然不生产咖啡，但对咖啡工业却有独到的见解。他们不仅把泰国发明却没有普及的工具拿来重新加以分析、改良并出售，就连荷兰人发明的器具，在日本也不难买到。日本还曾模仿世界著名的“梅丽塔过滤机”制造了一款可与之相媲美的“卡丽塔过滤机”。此外,咖啡研磨机、密封器、“塞风”（Siphon，即虹吸壶内吸管的名称），甚至是家用烘焙机，也以独特的方式被“日本化”。

复习思考题

1．咖啡经历了哪三次咖啡浪潮?

2．埃塞俄比亚人喝咖啡的方式有什么不同之处?

3．埃塞俄比亚有哪九大咖啡产区？如何分级?

4．肯尼亚有哪些咖啡产区？主要品种有哪些?

5．肯尼亚小咖农是如何崛起的?

6．简述中央咖啡馆的起源、格局和有趣的故事。

7．法国咖啡馆和法国人喝咖啡有什么特点?

8．意大利咖啡馆和意大利人喝咖啡的习惯有什么特点?

9．简述意大利的咖啡文化小常识。

10．德国人喝咖啡有什么习惯？当地咖啡节有什么特点?

11．简述夏威夷科纳咖啡的发展历史和特点。

12．科纳咖啡文化节有哪些活动?

13．澳大利亚的咖啡文化有什么特点?

14．简述巴西咖啡的发展历史和风格。巴西人对于咖啡的热爱程度如何?

15．简述哥伦比亚咖啡文化景观。

16．简述哥伦比亚咖啡的品质特征和哥伦比亚人喝咖啡的习惯。

17．美国的咖啡馆和美国人喝咖啡的习惯有什么特点？
18．简述旧金山的咖啡文化。
19．简述牙买加咖啡文化。
20．印度尼西亚的咖啡馆有什么特点？
21．越南的咖啡冲泡方式和喝咖啡习惯有什么特点？
22．日本的咖啡馆和饮用咖啡习惯有什么特点？

第五章 认证咖啡

学习目标：

1. 掌握精品咖啡、有机咖啡的定义及特点，雨林咖啡的优势，公平交易、4C认证咖啡以及有机咖啡、雨林咖啡的认证和认证组织。

2. 熟悉美国精品咖啡协会标准，使用有机咖啡、雨林咖啡的益处，公平交易的特点。

3. 理解精品咖啡豆与普通商业咖啡豆的区别，精品咖啡的饮用，生产有机咖啡的意义，雨林咖啡推荐用途和市场定位。

4. 了解精品咖啡的起源与现状以及发展趋势，4C认证咖啡的运作、验证及标准咖啡交易等。

第一节　精 品 咖 啡

精品咖啡（Specialty Coffee）不是一个品种，也不是一个商标，更不是一个品牌，它是一种观念、一种咖啡品质与风味综合的现象。精品咖啡也叫作“特种咖啡”“精选咖啡”，是指由在少数极为理想的地理环境下生长的、具有优异味道特点的生豆所制作的咖啡。这类咖啡由于生长在特殊的土壤和气候条件下，因此具有出众的风味特点，其质地坚硬、口感丰富、风味特佳。在此基础上，经过严格挑选与分级后的咖啡豆才算是精品咖啡豆。随着中产阶级的壮大以及消费升级的趋势逐渐明朗，人们对咖啡的需求已不仅仅是对咖啡因的需求，更多是对生活品质的追求。精品咖啡刚好与之契合，它所提供的不只是一杯好咖啡，更是一种美的享受、一种有品质的生活方式。

一、精品咖啡的起源与现状

1974年，美国的娥娜·努森女士率先在《咖啡与茶》杂志上提出“精品咖啡”一词，用以形容风味绝佳的高级咖啡豆。当时，努森女士作为 B.C. Ireland 公司在旧金山的咖啡采购员，对于行业内忽视咖啡生豆质量，甚至在综合豆中混入大量罗布斯塔豆的现状非常不满，所以提出了“精品咖啡”的概念。努森反对咖啡界一味以低廉配方豆追求风味的不变性与单调化而忽略了各产地咖啡因水土不同所显现的独特地域之味的做法。土壤、品种、气候与水土不同，造就了不同的咖啡风味，这正是精品咖啡之魂。努森女士提出的精品咖啡概念着重强调了上游的种植环境与咖啡品质的关系。1978 年,努森女士在法国国际咖啡会议上发表了演说，进一步诠释了“精品咖啡”的内涵,强调“只有最有利的微型气候与水土，才能栽培出风味独特的精品咖啡”，精品咖啡概念的提出旨在与纽约期货交易市场的大宗商用咖啡做出区别。

2000 年后，全球精品咖啡市场突飞猛进。根据美国精品咖啡协会公布的统计数字，2000 年有 9% 的成年人每天饮用精品咖啡，偶尔饮用精品咖啡的占 53%；2005 年，美国有 15% 的成年人每天饮用精品咖啡，偶尔饮用精品咖啡的达 60%。精品咖啡从昔日的小市场逐步迈向大市场，竞争也日益白热化。

严格说来，当时精品咖啡并没有很明确的定义，直到 2009 年，美国精品咖啡协会才为咖啡生豆制订了一个条件，即杯测分数不得低于 80 分，至此才为精品咖啡制定出比较科学的客观标准；同时将其定义为：慎选最适合的品种，栽培于最有助于咖啡风味发展的海拔、气候与水土环境中；谨慎水洗与日晒加工，精选无瑕疵的最高级生豆，运输过程零失误，送到客户手中；经过烘焙师高超的手艺，引出最丰富的地域风味，再以公认的萃取标准冲泡美味的咖啡。由此可见，精品咖啡始于无瑕疵的、顶级的生豆，终于杯内有特色的地域之味，不仅要好喝，还要甘甜润喉。有些评价高的咖啡豆，虽然也可以卖出漂亮的价格，但未经咖啡品质鉴定师（Q-grader）杯测过的咖啡，只可称作高级咖啡，不可称为精品咖啡。精品咖啡豆主要是用手泡制作方式制作咖啡，以发挥出咖啡豆本身的风味。精品咖啡对人的身体健康没有坏处，适量饮用反而有益。

二、精品咖啡的判断标准

目前国际上并没有明确的精品咖啡判断标准，以下将对美国精品咖啡协会和咖啡生产国的基本标准稍做说明。

（一）美国精品咖啡协会的判断标准

（1）是否具有丰富的干香气。所谓干香气，是指咖啡烘焙后或者研磨后的香气。

（2）是否具有丰富的湿香气。湿香气是指咖啡萃取液的香气。

（3）是否具有丰富的酸度。酸度是指咖啡的酸味，丰富的酸味和糖分结合能够增加咖啡液的甘甜味。

（4）是否具有丰富的醇厚度。醇厚度是指咖啡液的浓度与重量感。

（5）是否具有丰富的余韵。咖啡的余韵可根据喝下或者吐出后的风味进行评价。

（6）是否具有丰富的滋味。以上颚感受咖啡液的香气与味道，了解咖啡的滋味。

（7）味道是否平衡。平衡是指咖啡各种味道之间的均衡度和结合度。

（二）咖啡生产国评价标准

（1）精品咖啡的品种。以阿拉比卡固有品种铁毕卡或波旁品种为佳。

（2）栽培地或者农场的海拔高度、地形、气候、土壤、精制法是否明确。一般而言，海拔高度越高的咖啡，品质越高，土壤以肥沃火山土为佳。

（3）采收法和精制法。一般而言，以人工采收法和水洗精制法为佳。

三、精品咖啡豆的特征

（一）精品咖啡豆的特点

（1）精品咖啡豆必须是无瑕疵豆的优质豆子，要具有出众的风味，不仅仅是没有坏的味道，更是要求味道特别好。

（2）精品咖啡豆必须是优良的品种，如原始的波旁种、摩卡种、铁毕卡种，这些树种所生长出的咖啡豆具有独特的香气及风味，远非其他树种所能比的。但由于这类树种的产量较低，近年来为追求抗病虫能力及产量的提高，各地出现了很多改良树种，如肯尼亚大量推广的鲁衣鲁11种，虽然产量高，但口味和质量都大打折扣，因此当然不能被称为精品咖啡豆。

（3）精品咖啡豆对生长环境也有较高的要求，一般生长在海拔1 500 ~ 2 000米的地方，还要具备合适的降水、日照、气温及土壤条件。一些世界著名的咖啡豆通常具有特殊的地理环境，如蓝山地区的高山云雾、科纳午后“飞来之云”所提供的免费阴凉、安提瓜的火山灰土壤等，这些都为精品咖啡的生长提供了条件。

（4）精品咖啡豆的采收方式最好是人工采收，即只采摘成熟的咖啡果，避免同时采摘成熟度不一致的咖啡果。未熟的和熟过头的果实会影响咖啡味道的均衡性和稳定性，所以精品咖啡在收获期时，需要频繁细密地进行人工采摘。

（5）精品咖啡豆要采用水洗精制法。水洗精制法可以得到杂质较少的咖啡豆，但是在发酵过程中如果水质及时间掌握不当容易让咖啡豆染上过度发酵的酸味，因此加工好的豆子要及时烘干，而且烘干也要适度，一般处理好的豆子的含水量应在11% ~ 13%，烘干不足容易使豆子发霉，烘干过度容易使豆子老化，影响风味。

（6）精品咖啡豆有严格的分级制度。一般生豆在处理好后以“羊皮纸咖啡豆”（即带着内果皮）的形式保存，出口之前才脱去内果皮。严格的分级过程可以保证品质的均一。另外，保存运输过程中的保护措施也相当重要，如对温度、湿度和通风的控制，避免杂味吸附，等等，如果这些措施做不好，那么等级再高的豆子也会变得不再精致。

（二）精品咖啡豆与普通商业咖啡豆的区别

从咖啡市场来看，咖啡豆主要分为两大类，即商业咖啡豆和精品咖啡豆。简单来说，精品咖啡豆就是高品质的生豆，它经过精湛的烘焙，还原了咖啡豆本身蕴藏的独特的、只属于这种咖啡豆的味道。而商业咖啡豆泛指用一般方法生产出来的咖啡豆，它的品质较低、瑕疵率高。从成本角度来看，精品咖啡豆在整个制作过程中需要投入大量的人力、物力，涉及咖啡豆的产地、生长的自然环境，咖啡豆的烘焙过程把控，咖啡制作时的技巧规范，等等。而商业咖啡豆的利润空间会很大，大规模、批量化生产和包装的咖啡豆一般都属于商业咖啡豆。从单个豆子的风味来说，商业咖啡豆的味道会比精品咖啡豆的味道逊色很多，所以一般商业咖啡豆都会被用作拼配，商业咖啡豆经过拼配后也可以制作出口味很不错的咖啡。普通商业咖啡豆与精品咖啡豆的差异如表 5-1 所示。

表 5-1　精品咖啡豆与普通商业咖啡豆的区别

	精品咖啡豆	普通商业咖啡豆
生产者	清楚明确	不清楚
生豆来源	单一庄园，当季新豆，来源清晰，产品可追溯	可能来自多个地方、不同种植户或不同年份
种植方式	少而精，重视环境保护，重视种植地独特的微气候对咖啡豆的影响，以提高咖啡豆的口感、香气、醇厚度和更好的酸苦平衡为目标，并备有详细产品说明书供客户参考	大面积粗放种植，以产量为第一优先目标
加工方式	重视后期加工对咖啡豆品质和杯中表现的影响，加工过程统一、规范、精细、透明，小批量、多批次加工，多品种少量生产	由农户各自加工，粗放、随性
生豆品质	生咖啡豆无异味，杯测无杂味、无土腥味，颜色均匀，瑕疵率低	生咖啡豆状态亦可能有异味，瑕疵率高

续表

	精品咖啡豆	普通商业咖啡豆
烘焙难度	生咖啡豆在成熟度、含水量、豆型等方面均一度高，因此容易烘焙，节约燃料和成本	咖啡豆来源复杂，因此豆与豆之间均一度低，烘焙难度高，易产生烘焙不均匀和杂味等问题
杯测表现	口感清爽无杂味，并伴有令人印象深刻的绝佳风味，是让饮用者真正感到好喝、满意的咖啡	口味呆板平淡，或尖酸咬口，或焦苦难咽，令人不愉快的余韵留在口中久久不能散去
安全健康	种植过程无大量使用农药的情况，后期加工及时，经多次分级、筛选剔除发霉豆、发酵豆等影响健康的瑕疵豆，保证饮用安全	很多小农户因规模有限和人手不足等问题，导致加工不及时、罚金过度、堆放地被污染等问题，带来许多饮用安全隐患
稳定性	种植者、豆源、加工方式的稳定，保证了咖啡豆品质的长期稳定，对环境的保护保证了优质咖啡豆的可持续供应	由于存在诸多不确定因素，因此经常发生这批好，下批差，样品好、交货差等问题，严重影响采购的经营稳定性和信誉
评价标准	除正常的物理分级方式（筛网、瑕疵率、海拔等），还必须以杯测表现来确定品级	根据各国情况，采用筛网、筛网+瑕疵率或海拔来划分等级，对咖啡豆的是否有杂味不做认定
永续经营	精品咖啡的一大特点：通过对环境的保护达到永续发展；通过对客户及客户的客户负责，建立更加持久的合作关系	无考虑
购买渠道	种植园→自家咖啡馆 / 小型烘焙厂→消费者	种植者→出口商→进口商→中间商→大型烘焙厂→分销商→咖啡馆→消费者
主要用途	单品咖啡、意式浓缩咖啡	速溶咖啡、各种咖啡提取物、各种咖啡产品
性价比	品质良好，价格合理，追求更高性价比	低质低价、比拼价格，造成恶性循环

（三）精品咖啡的饮用

（1）精品咖啡由精品咖啡豆制作而成。如果制作咖啡的豆子不是精品咖啡豆，制作出的咖啡液就不能被称为精品咖啡。

（2）精品咖啡是新鲜的咖啡。不管是食品还是饮料，当然是越新鲜越好，精品咖啡也是如此。精品咖啡制作前应保持咖啡豆的新鲜，要在制作之前再将咖啡豆磨成粉，这是为了保留其最原始、最好的风味。手泡制作方式是最能保留咖啡原来风味的咖啡制作方式之一。

（3）精品咖啡是好咖啡，对健康无害。不同于用劣质咖啡豆制作的咖啡，精品咖啡采用优质、新鲜的咖啡豆制作而成，对身体健康无害，适量饮用反而有益身心。

（4）精品咖啡能带来丰富美好的味觉感受。即使采用精品咖啡豆制作的咖啡也不都是精品咖啡，还要看它是不是充分发挥了咖啡豆的特色，是不是具有美好的味觉感受，如果没有，那也不能被称为精品咖啡。

四、精品咖啡的评级

为了更好地区分不同品质的咖啡，同时也为了咖啡交易的便利，需要将咖啡划分为不同的等级。对于特别重视风味与质量的精品咖啡来说，产品分级更是不可或缺的一个过程。由于每个国家的气候、地形、管理方式、处理方式等不一样，所以各个咖啡生产国都有自己的分级标准，并没有统一的国际通行标准。

（一）美国精品咖啡生豆分级制

精品咖啡在出口前，必须根据豆子的缺陷级数、豆体长宽、海拔高度以及杯测品质来区分优劣等级。

美国精品咖啡协会成立于1982年，致力于保障咖啡“从种子到杯子”的卓越品质，以及优质咖啡的可持续发展。它通过提供一个共同的平台建立了咖啡的质量标准，规范了对咖啡专业人员技艺的认证标准。美国精品咖啡协会采用精品咖啡分级制对瑕疵豆进行严格规范，不容许出现重大缺陷豆，对缺点豆以及出现几颗缺点豆等同于全缺点（full defect）均有规定，表5-2为每300克生豆重大缺陷与次要缺陷统计表。

表 5-2　每 300 克生豆重大缺陷与次要缺陷统计表

重大缺陷（一级瑕疵）	缺 点 数	次要缺陷（二级瑕疵）	缺 点 数
全黑豆	1	半黑豆	2 ~ 3
全酸豆	1	半酸豆	2 ~ 3
干黑果肉	1	羊皮纸	2 ~ 3
大石子	2	漂浮豆	5
大树枝	2	轻微虫蛀豆	2 ~ 5
中型树枝	5	碎豆	5
霉菌感染	1	小石子	1
严重虫蛀豆	5	豆壳	5

1. 一等精品咖啡豆（Specialty Grade）

一等精品咖啡豆即每 300 克生豆不得有重大缺陷，仅容许零到五个缺点豆。豆子大小级别仅容许 5% 的误差，被测结果在醇厚度、果酸味、香气和整体风味上，至少要有一项表现突出，不得有杂味和发酵过度的腐味。烘焙后不得出现奎克豆（Quaker，未熟豆），生豆含水量为 9% ~ 13%。

2. 二等顶级咖啡豆（Premium Grade）

二等顶级咖啡豆即每 300 克生豆中不得超过 8 个缺点豆。豆子大小级别仅容许 5% 的误差。杯测结果在醇厚度、果酸味、香气和整体风味上，至少要有一项表现突出，不得有缺陷味，可容许 3 个奎克豆，生豆含水量在 9% ~ 12%。

3. 三等商用级咖啡豆（Exchange Grade）

三等商用级咖啡豆即每 300 克生豆中容许有 9 ~ 23 个缺点豆，生豆大小方面，50% 要在 15 目以上，仅容许 5% 低于 14 目，容许 5 个奎克豆。杯测不得有缺陷味。生豆含水量在 9% ~ 12%。

（二）中国新华指数研究团队的划分标准

我国云南省位于北回归线附近的亚热带地区，与哥伦比亚同属咖啡的黄金种植带，当地自然条件优渥，是培育绿色、有机咖啡的天然优势区，所产咖啡占我国咖啡产量的 98% 以上。目前，云南省是我国咖啡种植规模最大、产量最高的地区，当地的咖啡产业对整个中国咖啡产业的整体发展有着极为重要的影响。综合考虑云南省咖啡豆（生豆）的规格、色泽、水分、杯测得分等多个指标，结合市场贸易特点，可将咖啡豆等级划分为精品一级、精品二级、精品三级、优质咖啡、商业一级、商业二级和商业三级及以下，如表 5-3 所示。精品咖啡的水分含量在 10% ~ 12%，无一级瑕疵，二级瑕疵≤ 5 分，且杯测在 82 分以上的为精品咖啡，其根据杯测分数又可划分为：精品一级，杯测得分≥ 86 分；精品二级，杯测得分为 84 ~ 85.99 分；精品三级，杯测得分为 82 ~ 83.99 分。

表 5-3　咖啡豆的等级划分

等　　级	划分指标要求		
	水　　分	瑕　　疵	杯 测 得 分
精品一级	10% ~ 12%	无一级瑕疵，二级瑕疵≤ 5 分（用 CSA 瑕疵标准计算）	≥ 86 分
精品二级			84 ~ 85.99 分
精品三级			82 ~ 83.99 分
优质咖啡		≤ 12 分（含一级、二级瑕疵）（用 CSA 瑕疵标准计算）	杯测干净，一致无异味，无老豆子味道
商业一级	9% ~ 12%	12%> 生豆总瑕疵占比 >8%（对 350g 生豆样品的一级瑕疵和二级瑕疵分别进行称重计算）	杯测干净
商业二级		21.5%> 生豆总瑕疵占比 >12%（对 350g 生豆样品的一级瑕疵和二级瑕疵分别进行称重计算）	杯测干净
商业三级及以下	未达到商业二级其中一项检测要求的即归类为“商业三级及以下”		

五、精品咖啡的发展趋势

只要是美味的咖啡，人们就愿意花高价购买，市场也就会得以增长。“以精品咖啡为代表的高品质咖啡是笔大生意”，各咖啡生产国和消费国都已发现了这个简单的事实。

近年来，咖啡生产国不再一味地追求高产量而忽视质量，许多国家开始引进新的咖啡评价制度，目的就是调动生产者的积极性，推动精品咖啡的生产。例如，巴西于1999年开始实行的卓越杯（Cup of Excellence）咖啡等级评定制度就是为了更好地细分精品咖啡。而且精品咖啡已成为餐饮服务行业中增长最快的市场之一，2007年，仅在美国，精品咖啡就达到了125亿美元的销售额，足以看出精品咖啡市场的潜力。未来，精品咖啡市场一定会越来越壮大。

我国一向以茶为文化、饮品的象征，因此咖啡在我国的发展一直比较缓慢。然而随着我国经济的发展和与西方交流的日益频繁，中国人的消费观念也发生了巨大的转变，再加上国内咖啡师技能水平的快速提升，越来越多的人能够体验到优质咖啡的浓厚醇香，由此促进了咖啡在我国的快速发展。近几年，精品咖啡越来越受到人们的重视，消费者开始关注咖啡的品牌、风格以及纯正度，并且希望享受咖啡带来的乐趣。2018年1月，首届普洱国际精品咖啡博览会（简称“咖博会”）在我国云南普洱召开，它是经商务部批准的国家级对外经济技术展览会。咖博会作为首个国家级专业型咖啡产业博览会，以“普洱咖啡，全球共享”为主题，通过全球化视角，以普洱咖啡为代表，打造我国咖啡品牌，推动我国本土咖啡向精品化、标准化、产业化、国际化发展。随着人们生活品质的不断提升，咖啡逐渐成为人们的消费新类型，我国咖啡消费市场的发展潜力巨大，这一潜力不仅体现在我国作为新兴精品咖啡市场所具有的巨大需求，还体现在我国咖啡将成为其他精品咖啡消费市场的重要供给来源。在新时代背景下，我国的咖啡产业将迎来更大的发展机遇。

第二节　有机咖啡与雨林咖啡

一、有机咖啡

（一）有机咖啡的概念

生活中，我们常常听到有机产品、有机食品、有机农业、有机蔬菜等概念，与它们的定义一样，有机咖啡指的是在生长过程中没有添加化学原料，不用农药、杀虫剂、除草剂及人工食物添加剂种植的咖啡，且需要经过第三方（除咖啡制造者和采购商外）的认证。有机咖啡的土壤水质、种植、培育、采收、生产等都必须符合有机的条件、过程，并且每个环节都必须受到严格管控，这种在与大自然和谐共存的基础上生产出来的高品质咖啡，对人体健康及环保都有很大的益处。

（二）有机咖啡的特点

1. 有机咖啡的特点

第一，有机咖啡在栽培时不使用任何除虫剂和化学药剂来解决病虫害或栽培问题，而是使用天然的方法，如使用天然堆肥（咖啡果皮、果肉、树枝、树叶等），利用筑篱、修剪等方法来维护咖啡树的成长。

第二，在控制虫害方面使用纯天然的生物控制方法（如种植防护树），以及利用其他各种自然的农作技术来确保咖啡树的健康。

第三，在生产过程中必须严格遵守有机食品在加工、包装、储存、运输等方面的要求。

第四，必须经过合法的、独立的第三方的认证。

2. 有机咖啡与普通咖啡的区别

有机咖啡采自荫蔽种植条件下生长的咖啡树，这种条件下所产的咖啡豆数量不多，但其品质却可达到极品咖啡的高水准。咖啡树在荫蔽的条件下生长，可以减缓咖啡树的成熟速度，有充足的时间保证咖啡的良好成长，使其含有更丰富的天然成分、更纯正上乘的风味及更低含量的咖啡因。相比普通咖啡，有机咖啡中含有更丰富的营养成分，咖啡中的烟碱酸含有维生素 B 族，烘烤后含量更高，还有游离脂肪酸、咖啡因、单宁酸等。另外，高品质有机咖啡与普通咖啡的风味存在一定的差异。相对廉价的普通咖啡豆不仅在品质上乏善可陈，口感也通常带有明显的缺陷，如含有青涩的青草味、浓重的发酵味；而高品质有机咖啡豆则带

有浓郁的香气，口感顺滑，层次分明，余韵细致清爽，丝丝甘甜中带有优雅温和的酸味。

（三）生产有机咖啡的意义

1．选择有机咖啡的理由

（1）保护下一代。有机的种植方式减少了咖啡树接触农药及除草剂等化学物质的机会，能够保护咖啡品种的下一代。

（2）预防土壤衰竭。化学药物会将可滋养植物的土壤损毁，造成土壤流失，并且这种损毁是长久的。

（3）节约能源。有机的种植方式既能节约资源、利用废物，还能保护环境，保护人类健康。

（4）减少化学药物的使用。国家环境保护局已证实，60% 的除草剂、90% 的杀真菌剂及 30% 的杀虫剂都含有致癌物，用以栽培农作物将对人类的生活产生极大的影响。

（5）保护咖农。保护咖农的健康也是社会的责任，有机种植方式可以降低咖农暴露在化学物质环境下的可能，保护他们的健康安全。

（6）维护水质。采用有机方式耕作的农场将为下一代保有优质的水源。

2．有机咖啡的选择

（1）选用新鲜的咖啡豆。在购买时要注意豆的颜色和颗粒大小是否一致，好的咖啡豆的外表有光泽，并带有浓郁的香气且没有混入异味。不论是哪一种咖啡豆，新鲜度都是影响其质量的重要因素。

（2）咖啡豆的纯度。抓一把单品咖啡豆（大约数十颗），看一看每颗单豆的颜色是否一致，颗粒大小、形状是否相仿，避免买到以混豆伪装的劣质品。但如果是综合豆，大小、色泽不同是正常的现象。

（3）看咖啡豆的出油情况。重火和中深度焙炒法会造成咖啡豆出油，但较浅焙炒的豆子如果出油，则表示已经变质，不但香醇度会降低，而且会出现涩味和酸味。总之在选购咖啡时应注意其新鲜度、香味和有无陈味，而理想的购买数量以半个月能喝完为宜。

（四）有机咖啡的认证

1．有机认证简介

有机农业是指遵照一定的有机农业生产标准，在生产中不采用基因工程获得的生物及其产物，不使用化学合成的农药、化肥、生长调节剂、饲料添加剂等物质，遵循自然规律和生态学原理，协调种植业和养殖业的平衡，采用一系列可持续发展的农业技术以维持持续稳定的农业生产体系的农业生产方式。

有机产品是指生产、加工、销售过程符合有机产品国家标准的，供人类消费、动物食用的产品。有机产品必须同时具备四个特征：第一，原料必须来自有机农业生产体系或是采用有机方式采集的野生天然产品；第二，整个生产过程遵循有机产品生产、加工、包装、储藏、运输等要求；第三，生产流通过程中具有完善的跟踪审查体系和完整的生产、销售档案记录；第四，通过独立的有机产品认证机构的认证审查。我国有机产品认证是依据我国相关法律法规所实施的国家自愿性认证业务，认证依据为《有机产品国家标准》（GB/T 19630），包括生产、加工、标识与销售、管理体系四个部分。有机认证的出现是具有重大意义的，它能提高产品质量、提高产品知名度、提高企业管理水平、改善生态环境与生活环境、有利于企业产品进入高端市场。

2．良好农业规范认证（GAP）认证

1）良好农业规范认证（GAP）认证介绍

良好农业规范认证（GAP）是一套针对初级农产品安全控制的国家自愿性产品认证业务，以关注食品安全、环境保护和农业可持续发展、动物福利及员工健康安全为基本原则。它有助于提高初级农产品的质量安全水平，促进农业可持续发展和环境保护，保障员工职业健康安全；

节约和可持续发展；提高食品安全，保护环境和人民的身体健康；促进农产品突破技术壁垒和出口；有助于提高农场管理水平，增加产品市场竞争力，树立品牌形象。良好农业规范认证证书受到监管、零售商、消费者的采信，它作为GlobalGAP授权的认证机构，可开展“一评双证”，将降低企业进入国际市场的贸易壁垒。

2）良好农业规范认证（GAP）的认证要求

（1）认证模式：产品检测 + 现场检查 + 获证后的不通知检查；

（2）检测依据：产品消费地残留标准，如GB 2763等；

（3）现场检查内容：GAP标准 /《良好农业规范认证实施规则》；

（4）现场检查人日数：根据农场生产规模和产品范围确定人日数。

3．主要的有机认证组织

1）欧盟ECOCERT有机认证

欧盟ECOCERT有机认证是世界上最具代表性及权威性的有机农业认证机构，成立于1991年已有近30年的历史，它是由欧盟、非洲、亚洲及美洲各国组织而成的国际组织。目前为全世界80个国家提供独立、严格和高效的有机审查、检测与认证服务。该机构的认证依据美国国家有机计划标准及日本有机标准。

ECOCERT不仅获得了欧盟权威机构、美国农业部NOP（首批获得美国农业部认可的4个国外认证机构之一）、日本农林水产省JAS及中国认证认可监督管理委员会（CNCA）的认可，而且还可以按照英国土壤学会（Soil Association）、瑞士有机标准Bio Suisse等进行认证，因此可以说ECOCERT认证证书是中国有机产品进入世界所有有机市场的保证。同时，ECOCERT也是我国唯一一个被国家认证认可监督管理委员会批准的可以进行中国有机产品认证和中国GAP认证的中外合资企业，是国外有机产品进入我国有机市场的绿色通道。

ECOCERT机构严苛的质量考核和认证程序使任何贴有ECOCERT认

证标识（见图 5-1）的产品都具有了高品质和高信誉度的保证，为全球范围内追求环保有机生活的人士所认可和推崇。

2）美国农业部有机认证（USDA ORGANIC）

美国最具权威的有机认证依据是美国农业部的 USDA 标准，USDA 致力于扶持有机农业的发展与壮大。有机农业采用保护生态环境的方法来生产有机产品，避免使用人工合成材料，如农药和抗生素。美国农业部有机标准详细描述了农民种植作物和饲养牲畜的方法以及所需使用的材料。从事有机农业生产的农民、农场主和食品加工方均须严格遵循生产有机食品和纤维素所应参照的整套标准。美国国会在有机食品生产法案中详细描述了有机产品的各项生产准则，美国农业部则定义了具体的有机产品执行标准，这些标准覆盖了有机产品从农场到餐桌的整个过程，包括关于土壤和水质、虫害控制、家畜饲养方法以及食品添加剂等方面的各项规定。

美国各州均依照美国农业部的 USDA 标准开展有机农业，产品的有机成分超过 70% 才能得到认证，95% 以上可在包装上使用标有 USDA ORGANIC 字样的有机认证标识（见图 5-2）。

图 5-1　ECOCERT 认证标识

图 5-2　USDA 标识

USDA 的具体标准如下。

（1）使用成分不含任何化学合成物质，如化肥、杀虫剂、抗生素、食品添加剂以及转基因动植物；

（2）使用成分所生长的土壤，至少三年以上没有使用过化学合成物质；

（3）定期检查生产和销售记录；

（4）保持有机认证产品的严格物理隔离；

（5）检验有机产品的生产设施、厂房；

（6）有机成分在95%以上的产品可以使用标签注明“100%有机”或使用USDA标识；

（7）有机成分达到70%的产品可以称作“使用有机成分制造”（Made with Certified Organic ingredient），但不能使用USDA标识。

美国农业部已经加强了对有机产品的监督，通过诸如检验和残留物质测试等方法来确保有机产品从农场到市场过程中的质量，通过建立明确的标准体系、进行消费者满意度调查、打击农民和企业的违法行为来创建一个公平竞争的环境。

3）中国有机认证

中国有机认证标识（见图5-3）外围的圆形形似地球，象征和谐、安全，圆形中的字样中英文结合，既表示中国有机产品与世界同行，也有利于国内外消费者识别。标志中间类似种子的图形代表生命萌发之际的勃勃生机，象征了有机产品是从种子开始的全过程认证，同时昭示出有机产品就如同刚刚萌生的种子，正在我国大地上茁壮成长。种子图形周围圆润自如的线条象征环形的道路，与种子图形合并构成汉字“中”，体现出有机产品植根中国，有机之路越走越宽广。

图5-3　中国有机认证标识

有机认证是一些国家和有关国际组织认可并大力推广的一种农产品认证形式，也是我国国家认证认可监督管理委员会统一管理的认证形式之一。推行有机产品认证的目的是推动和加快有机产业的发展，保证有机产品生产和加工的质量，满足消费者对有机产品日益增长的需求，减少和防止农药、化肥等农用化学物质和农业废弃物对环境的污染，促进社会、经济和环境的持续发展。

随着人们对有机食品的不断关注，有机认证也成了衡量食品是否安全可靠的标志。我国的有机农业起步于20世纪90年代，但至2003年，国家才颁布《中华人民共和国认证认可条例》，使有机产品的认证走向规范化。而早在1972年，英国土壤协会就在国际上率先创立了有机产品的标识、认证和质量控制体系。虽然，我国的有机认证起步较晚，但随着2012年3月1日《有机产品认证实施规则》的实施，我国在有机食品的认证标准上已与世界接轨，甚至更加严格，但在施行和监督上，还有很长的路要走。

有机产品认证的特征是：不使用人工合成物质，如化学农药、化肥、生长调节剂、饲料添加剂等；生产遵循自然规律，与自然保持和谐一致，采用一系列与生态环境友好的技术，维持一种可持续稳定发展的农业生产过程；不采用基因工程获得的生物及其产物。简单地说，有机产品就是通过有机农业生产体系生产出来的产品。有机产品的涵盖面非常广，主要包括：有机食品，主要指可食用的初级农产品和加工食品，如粮食、蔬菜、水果、奶制品、畜禽产品、水产品、饮料和调料等；有机农业生产资料，如有机肥料、生物农药等；此外，还有有机化妆品、纺织品、林产品等。有机产品中占绝大多数的是有机食品，有机食品是生产加工过程中不使用农药、化肥、激素等人工合成物质的环保型安全食品，它与绿色食品和无公害食品共同组成我国的安全食品。

有机产品在各个方面都展示出了绝对的优势，如用自然、生态平衡的方法从事农业生产和管理，保护环境，满足人类需求，实现可持续发展；顺应国际市场潮流，扩大有机农业生产及有机产品出口，提高产品市场竞争力；满足国内“绿色”“环保”的消费需求；保护生产者，特别是通过有机产品的增值来提高生产者的收益，同时有机认证是消费者可以信赖的重要证明。

当然，咖啡也需要经认证机构认证完毕才可被称为有机咖啡。

4）UTZ 优质咖啡认证

UTZ 认证是一家独立组织，专门负责认证世界上的各种优质咖啡，认证范围涵盖了从咖啡种植到烘焙的每个生产步骤，其标识如图 5-4 所示。该组织设定的标准规定了怎样以对社会和环境负责的方式生产咖啡，支持在咖啡的生产过程中将水、化肥、农药的使用量降到最低。同时给咖农以支持，努力提高其生产率。

图 5-4　UTZ 优质咖啡认证标识

UTZ 认证成立于 1997 年，认证范围广泛，要求以人与自然和谐共处的态度看待每一颗咖啡豆。UTZ 认证不仅追求咖啡的好品质，也致力于改善咖啡消费者的生活环境，除了分享专业的栽培与经营知识外，更提供完整的教育与健康资源，让咖啡消费者能拥有更好的生活。近年来，伴随着全球咖啡豆贸易的发展，欧盟、北美市场纷纷提高了检测标准，众多餐饮、咖啡等商业用户也陆续开始使用经过 UTZ 权威认证的咖啡豆，至今已经达到 90% 的全球覆盖率。目前，在我国获得 UTZ 权威认证的咖啡品牌仅有 3 家。

（五）有机咖啡的发展状况

随着环境污染的加剧和人们对健康的关注，有机食品越来越受到大众的追捧，咖啡也不例外，有机咖啡在近年来发展迅速。

首先，生产有机咖啡的目的有两个：一是保护环境，实现土地的可持续利用与发展。二是生产出更健康、更绿色的产品，避免化学农药残留对人体健康的影响。所以一般有机认证产品要求其土壤连续三年不使用农药化肥，而使用有机肥，采用可持续耕种方式。2007 年的有机咖啡市场共销售有机咖啡 575 000 袋。2000 年以来，美国有机咖啡的市场以每年 32% 的速度增长。美国接受公平贸易认证的咖啡中，60% 是有机认证咖啡。带有有机认证标识的商品是健康的、高品质的，这一观念已被美国消费者所接受。

据国际咖啡组织（International Coffee Organization）2010 年以来的统计，全球生咖啡的消费量从 2010 年的 806.97 万吨增长到了 2018 年的 983.32 万吨，复合增长率为 2.50%，处于稳步增长阶段。受不同饮食文化和消费能力的影响，咖啡消费具有明显的区域性。以 2018 年为例，欧盟、美国、巴西、日本和菲律宾分别占据咖啡消费量的前五位，占比分别为 28.25%、16.09%、14.16%、5.06% 和 3.80%，之后依次是加拿大、印度尼西亚、俄罗斯、越南和中国等。可以看出，欧盟、美国、日本等消费能力较强、工业化程度较高的发达国家及地区是咖啡消费的主要市场;同时，诸如巴西、印度尼西亚、菲律宾以及越南等咖啡主要产地国家的咖啡消费量也较大。与其他主要咖啡消费国相比，我国咖啡消费具有较高的成长潜力。2016 年我国调研报告网数据指出，与全球平均 2% 的增速相比，我国的咖啡消费正在以每年 15% 的惊人速度增长。以此来看，2025 年我国咖啡消费有望增长到 1 万亿元，可见其成长潜力巨大，前景乐观。

在国内咖啡产业快速发展的大背景下，随着健康生活的观念越发深入人心，健康、原生态的有机咖啡也获得不少咖啡爱好者的追捧。如在广州的一些连锁或特色咖啡店里，人们越来越常发现有机咖啡的踪影。尽管如此，国内有机咖啡产业的发展还处于起步阶段，其原因有以下几点。

第一，有机咖啡的认证覆盖面不足。中商情报网产业研究院农业行业研究员刘萍表示，目前，大多数消费者缺乏对有机咖啡知识的了解，消费者缺乏消费热情，有机咖啡消费市场尚未形成规模。登录相关网站输入“有机咖啡”会发现，产品介绍中并没有任何厂家、认证证书信息，有机成分无法得到求证。对此，业内人士指出，目前国内尚没有进行有机咖啡认证的相关机构，而且由于有机食品的认证程序较为严格，目前国内通过有机咖啡认证的咖啡企业寥寥无几。

第二，未形成完善的产业链。目前，国内有机咖啡生产大都处于产业的初级发展阶段，主要从事咖啡的粗加工或向高端企业提供原材料，与咖啡产业相关联的产业发展滞后，没有得到很好的开发，未形成完备的咖啡产业链，咖啡产业的附加值也没有得到充分挖掘。

第三，消费市场较小。有机消费市场是影响有机咖啡发展的重要因素，而目前国内的有机消费市场规模仍然较小，究其原因，主要有以下三方面：其一，很少有消费者了解有机食品，绝大多数消费者不清楚其具体的含义。其二，价格高。由于有机咖啡比普通咖啡付出的劳动力多，产量也比经过化肥、催化剂等催发的咖啡产品低，所以相对来说，成本投入较大，价格较高。其三，认证标签的可信任程度不高。认证机构多种多样，标签内容五花八门，加上在现在的市场环境下，虚假的东西太多，使得消费者无从下手。缺乏良好的消费市场，有机咖啡很难有所发展，这也造成了生产有机咖啡的利益达不到预期的目标，进而严重影响了有机咖啡生产者的积极性。

第四，基础设施差，资金投入不足。我国咖啡种植主要在云南、海南等位置偏远、经济文化等相对落后的地方，由此导致咖啡产业投入不足，生产基础设施没有得到很好的改善。另外，由于科研经费投入不足，不能吸引人才，致使咖啡相关技术含量不高。

第五，有机咖啡的营养优势不明显。国家二级公共营养师臧全宜指出，有机咖啡的优势主要体现在食品安全方面，它可以避免消费者摄入化肥、农药、激素等。从营养价值来讲，有机咖啡与普通咖啡的营养成分相差不大，但因为有机咖啡的生长过程相对较长，故所含的营养成分略高。

但以日常饮用量来说，有机咖啡高出的营养成分所起到的作用并不明显。此外，有机咖啡与普通咖啡的健康功效差异不大，都会使神经和肌肉兴奋，起到扩张血管的作用，对心血管疾病有所帮助，可促进胃肠道蠕动，帮助消化以及利尿。随着人们对健康生活的不断追求，有机咖啡在我国咖啡中的位置也会越来越重要。

二、雨林咖啡（遮光咖啡）

（一）雨林咖啡的概念

雨林联盟（Rainforest Alliance，RA）成立于1987年，总部设在美国纽约，是非营利性的国际、非政府环境保护组织，也是受国际森林认证体系FSC（Forest Stewardship Council）认可的最大、最权威的专业FSC认证机构，其标识如图5-5所示。雨林联盟的使命是通过制定社会和环境标准来促进高效农业、生物多样性保护和可持续性社区的发展。目前，雨林联盟正与全球近100个国家和地区的企业、政府和社区组织共同合作，帮助它们改变土地利用的方式、制订长期的资源利用和维持生态平衡的计划。

图5-5　雨林联盟认证标识

雨林联盟认证是指对与雨林联盟订立标准的农场，联盟会对该农场及其周边的生态系统进行保护，对农药的使用做一些限制，并对废弃物管理等基准进行评估，唯有通过其评估并被认证的咖啡，才能称为雨林联盟认证咖啡。对于咖啡的认证基准，雨林联盟规定采用原生林树荫下栽培的传统耕作法，这是有益于保护生态系统的耕作方法。

随着全球市场内可持续需求的稳步增长，雨林联盟设立了可持续农业部、可持续林业部和可持续旅游部三个部门，坚持可持续原则和标准，保护野生动物和原始土地，维护工人及其社区的福利，帮助从大型跨国机构到小型基于社区组织机构的所有企业人员和消费者，向市场提供负责任的产品和服务，同时为符合全面性标准的农场及林业企业颁发证书。

（二）雨林咖啡的特点

（1）获雨林联盟认证，豆质可靠，风味独特，货源稳定。

（2）货源清晰。雨林咖啡是庄园直销，无中间商转手，货源清楚可靠；进口咖啡豆一般会经过数个代理商层层转手，在此过程中有掺入低级别咖啡豆或陈年咖啡豆的可能和风险。

（3）货真价实。雨林咖啡由庄园直销，无中间商，价格无水分；进口咖啡豆由于中间商的转手和炒作，可能使其价值和价格背离。

（4）同价不同质，物美价廉。雨林咖啡的评价标准与精品咖啡一致，以同样价格购买的进口咖啡豆可能只是最普通的咖啡豆，但是以相同价格买到的雨林咖啡却能保证品质的优良。

（5）性价比高，同质价更优。经过雨林联盟认证的雨林咖啡企业，都会秉着可持续原则和标准向市场提供负责任的产品，讲求性价比，同质价更优。

（三）使用雨林咖啡的益处

（1）更低廉的成本。雨林咖啡直接可用，无须通过拼配来拉低成本，同时可省去二次烘焙的人工成本和时间成本。

（2）更可靠的质量。雨林咖啡由于直接可用，无须拼配，由此更易烘焙、储存和使用，质量易控制；拼配豆的品质不易控制和保持，不同种豆子氧化速度不同，带来的风味变化难以控制。

（3）更稳定的供应。雨林咖啡具有实现标准化经营的可能，“稳定的品种 + 稳定的种植技术 + 稳定的加工技术 = 稳定的口味和豆质”意味着购买者可以放心地将各式咖啡的调配比例标准化，并固定下来，提高效率。

（4）单品更加好用。雨林咖啡无须烦琐的拼配来还原味道，降低了对人员的技巧要求，同时对工作效率的提高效果也是显而易见的，咖啡师可专心地调制咖啡而无须担心口味。

（5）雨林咖啡属于有机咖啡，因此更健康。

（四）雨林咖啡的推荐用途和市场定位

1．单品咖啡

雨林咖啡口感顺滑，具有独特的柑橘酸质、轻微的苦味和持久留香回甜的特点，因此能够被大多数人所接受，可以作为培养新客户饮用习惯的主打产品，价格适中，易被客户接受。对于一个仅有速溶咖啡体验的客户来说，商家用顶级蓝山去招待他，他未必会品，也未必会觉得有多好喝，反而觉得价格昂贵，这样反倒对咖啡馆是一种伤害；而雨林咖啡适中的价格将有益于客户产生二次消费。

2．花式咖啡

雨林咖啡低廉的价格和稳定的口味可以帮助商家有效确定各种花式咖啡的调配比例和成本，提高效率，帮助企业实现标准化生产。

3．意式拼配

使用雨林咖啡有助于更容易地找到和还原客户心中理想的口味，因此可以帮助商家制作出更加有竞争力的意式拼配。

（五）雨林咖啡的采摘和处理方式

雨林咖啡依靠纯手工采摘，一季咖啡要分 3 ～ 6 次摘完。采摘时只挑选成熟度最好的、红且饱满的果实，所有的努力只为制作最好的咖啡。手工采摘咖啡鲜果避免了机械对咖啡的损伤，并且采摘的咖啡果实大小均匀、成熟度接近，不含其他杂质，有利于咖啡豆的后期加工。咖啡鲜果经过干法或湿法加工后成为咖啡豆，洗好的咖啡生豆要置于日晒场经日晒自然干燥。为了保证干燥充分、均匀，需要经常翻动生豆。最后，以带壳豆的状态存于原产地，发货前才脱壳，含水率为 12% 左右。

（六）雨林咖啡的优势

（1）质量问题——严格地监督影响质量的各个环节，以确保采收的每一颗豆子的质量。

（2）成本问题——物美价廉，性价比高，除了价格较进口豆更加优惠外，雨林咖啡还能帮商家有效降低库存，减轻资金占用压力。

（3）时间问题——进口豆子最少需要半年以上的运输时间，到达时，新豆也变成老豆了，而雨林咖啡可以最快的速度送达商家的手上。

（4）物流问题——国内运输时间短且易掌控，可彻底规避进口豆子运输时间长，运输过程环节多、变数大，过程难以把控等问题。

第三节 咖啡的公平交易

一、咖啡公平交易的简介

公平交易基于对话透明及互相尊重的贸易活动伙伴关系，它致力于追求国际交易的公平性，以提供更公平的交易条件及确保那些被边缘化的劳工及生产者的权益（特别是南半球）为基础，致力于永续发展。公平交易组织（由消费者所支持）则积极地参与支持生产者认知提升及志在改变传统国际贸易习惯的专案等活动。以上定义是最为人所接受的公平交易定义，由 FINE 所创。FINE 是指由国际公平交易标签组织（Fairtrade Labelling Organizations International）、国际公平交易协会（International Fair Trade Association）、欧洲世界商店连线（Network of European Worldshops）及欧洲公平交易协会（European Fair Trade Association）四个公平交易的主要组织所组成的非正式连线，这是一个以协调公平贸易的标准及准则、提升公平贸易监督系统的品质及效率和政治性的倡议以公平贸易为目的的非正式联盟。

以公平交易为基础的公平贸易咖啡是指以透明的管理模式和商业形式，用公正的价格直接和当地的咖农进行交易，在保证生产者的劳动环境和保护当地环境的前提下，提供相应的生产技术和培训，建立桥梁、学校、医院等设施，其目的是为了咖啡的可持续性发展和改善咖农贫穷的生活状态。因此公平贸易咖啡组织主张在与生产者交易时必须支付生产者适当等值的价格，以维持良好的伙伴关系，同时保证生产者有足够的资金继续投入生产。

咖啡在西方是一个暴利产业，咖啡市场很不稳定，中间业者和商人从中谋取大量利润导致非洲等地的咖农陷入了贫困的循环中，并且大多数生产咖啡的农户都从事中小规模种植，频繁的价格变动会直接影响到他们的安定生活，也可能会间接影响对当地环境的保护。因此，要改善这种现象，就必须使生产者的人权与环境获得保护，让他们能够安心栽种出好品质的咖啡并获得应有的回报，而消费者也能放心地享用好咖啡，这正是推行公平交易咖啡的目的。

咖啡公平交易的运作模式大致为：咖啡进口商和烘焙业者先付一笔费用给公平交易认证者，再对每 454 克咖啡负担一笔额外费用，然后认证者会将咖啡的公平底价设定在咖农的收入之下。

二、咖啡公平交易的特点

第一，在农民、商人和消费者之间建立一种长远而平等的伙伴关系；

第二，在交易过程中，让农民得到合理且稳定的报酬，这一报酬要足以承担他们的种植成本和基本生活开支；

第三，提倡可持续的生产种植模式，让环境得到保护，减少水土流失和灾害等情况发生的概率；

第四，农民成立经营合作社，以可支付生产成本及维持基本生活的“公平”价格向非政府机构或公司出售咖啡；

第五，农民与外国买家直接建立联系，从而更有力地影响商品价格；

第六，买家预先支付一笔款项，并与咖农签订一份较长期的购买合约，以保障咖农的生计；

第七，采用不损害环境的种植方法，确保土质得以维持；

第八，以部分利润回馈社会，如兴建学校、安全食水供应设施、诊所等，促进社区的长远持续发展。

可以看出，咖啡公平交易不仅重视到了农民眼见物价不断上涨却无财力支付的问题，也考量到了环境保护、农民健康、下一代培养和永续发展的问题。只有符合以上八大特点的咖啡交易，公平交易联盟才会予以认证，承认这样的关系为咖啡公平交易。

三、主要的咖啡交易模式

（一）合作伙伴关系交易模式

合作伙伴关系交易模式是指咖啡生产者与咖啡供给商之间建立持续的合作伙伴关系，双方通常彼此会针对质量的提升以及更有利于可持续经营的收购价格进行对话与合作，为了确保双方的利益，咖啡供给商必须向咖啡生产者购买足够的咖啡豆数量。

（二）直接贸易交易模式

直接贸易交易模式是指咖啡供给商希望能跳过进口商、出口商或是其他第三方组织，与咖啡生产者直接沟通。这种模式降低了进出口贸易商这个重要角色在产业中的地位，也就减少了中间商可能引发的不公平情况。为了让这种模式能有效地运作，咖啡供给商必须向咖啡生产者购买足够的咖啡豆数量。

（三）公正买卖交易模式

公正买卖交易模式下，每一笔交易都有良好的透明度及可追溯的资料，并支付生产者相对较高的价格。这种模式下并没有一套认证系统来定义每一笔交易，但是所有参与者都以共同发展的目的来完成交易。第三方组织有时也会参与，但通常只在会增加附加价值的条件下。

（四）拍卖会咖啡交易模式

通过网络拍卖会交易咖啡豆的交易模式正在缓慢而稳定地发展着，最典型的形式就是在咖啡生产国举办比赛，将咖啡生产者所提交的最佳批次咖啡交由专业咖啡品评裁判给予评价，并根据最终所得分数排列名次。通常是由本国裁判进行第一轮的海选，之后再由世界各地咖啡采购者组成的国际评审团进行最终的风味鉴定。所评比出的最佳批次的咖啡豆会在拍卖会中被卖出，得奖批次的咖啡豆通常都会获得较高的价格。大多数的拍卖会会在网络上公开所有的得标价格，让拍卖程序有最完整的可追溯信息。拍卖会交易概念在已建立高质量品牌形象的庄园得到了快速发展，只要国际上的采购者对他们的咖啡豆产生足够的兴趣，他们就可以自己举行拍卖会。例如，巴拿马翡翠庄园的咖啡豆曾经多次在拍卖会中赢得竞赛冠军，并创下巨额成交金额纪录。

以上这些交易模式背后的真正含义就是让咖啡供给商尝试购买更容易追溯来源的咖啡豆，减少供应链里不必要的中间人，并让愿意生产较高质量咖啡豆的生产者获取相对较高的报酬。但由于缺少第三方认证组织的证明，这些交易模式仍然备受争议，而且要确认供给商是否如实以某一交易模式采购咖啡豆也是很困难的。

四、公平交易认证

公平交易认证以通过公平的价格直接贸易且兼顾社区发展、环境保护的方式，促使发展中国家农业家庭拥有更好的生活条件为发展目标。

国际公平交易认证标识（见图 5-6）是一个独立的消费者标章，目前被 23 个国家使用。产品上印有这个标章即代表发展中国家的生产者在这

件产品的贸易中得到了较公平的待遇。公平交易认证起源于20世纪70年代，由马克斯·哈弗拉尔在荷兰发起，现在是一个以德国为基地的国际公平交易标签组织（Fairtrade Labelling Organizations International，FLO），标章的图样所呈现的是一个欢呼的人，既代表生产者通过公平交易获得了公平的待遇，同时也代表消费者通过公平交易获得了商品。

图5-6　公平交易认证标识

公平交易是一种利于永续发展及减轻贫穷的策略，它的目标是为那些在经济上相对弱势或在传统贸易系统中被边缘化的生产者创造机会，制定合理公平的价格，令生产者就其产品及劳动获得合理的报酬，改善生产者的生活条件，提高他们的就业机会以及获得信贷和技术支持，鼓励使用可持续、环保的技术设备。除此之外，公平贸易认证系统也鼓励生产者及商家之间应建立长期的、直接的商业合作关系，以及更透明的供应链。公平交易为生产者提供了一个健康及安全的工作环境，具体表现为产品的生产过程必须严格遵守国际劳工组织的规范、禁止使用童工或奴工、保障安全的工作场所及组成工会的权利，以及严守联合国人权宪章。工人与生产者可组成合作社或协会，运作机制须透明、民主。

第四节　4C 咖啡

一、4C 简介

4C（Common Code for the Coffee Community）认证是目前世界上被广泛接受的，涉及咖啡种植、生产、加工等供应链各个环节可持续发展的管理规则，包含了社会、环境及经济三个方面的原则，要求咖啡从业者保护生物多样性，保护各类国家级濒危动植物，正确使用和处理杀虫剂及其他化学药品，保护自然环境和人类健康，关注土壤保护、水资源保护、废水和垃圾安全处理、优先使用可再生能源。

二、4C 协会的概念

4C 协会是在瑞士日内瓦注册的、合法的、非营利性的、全球性（联合国）的咖啡行业组织，成员包括种植咖啡的农民（大型和小型）、交易商（进口商和出口商）、从业者（咖啡烘焙商和零售商）和民间社会组织（非政府组织、标准制订计划和工会），个人、捐助者和其他机构也可以作为准成员加入。

4C 协会是一个涉及多方利益相关者的组织，最终的目标是使可持续发展成为主流，并尽可能地让更多农民实现可持续的生产方式。

三、4C 协会的成立

2001—2002 年的咖啡危机导致咖啡价格在很长时间内非常低，咖啡行业的可持续性受到威胁，咖啡种植区的发展遭遇重大困难，因此种植者、贸易商等意识到需要共同努力来解决主要影响咖啡行业可持续发展的问题。2003 年，不同团体联合发起了咖啡社区管理项目——4C 协会，其口号为“联手发展一个更好的咖啡世界”。近年来，4C 协会的各个团体一直在努力解决影响咖啡可持续发展的相关问题。

四、4C 单位的概念

4C 单位是指长期生产 4C 标准咖啡的生产组织。4C 单位的设置是很灵活的，可以是共同注册的小规模种植户，如合作社或农民协会、采购站、一个工厂、一个本地商人、出口组织等。

建立一个 4C 单位的前提条件有三个：一是成为 4C 协会的一员或属于现有的 4C 成员；二是能够提供最少一个集装箱的商品咖啡生豆（20 吨）；三是能够遵守 4C 协会的行为准则。如果你是一个生产商，商品咖啡生豆产量大于 20 吨，就可以自行注册成为 4C 单位；如果你的产量不足，可以加入一个既定的4C单位,或与其他小规模的农民建立一个新的4C单位。还有一种情况是出口国要建立与供应商的4C单位。

在一个4C单位里，任何人直接与咖啡接触即被称为商业合作伙伴。一个人或公司为咖啡生产和直接接触的鲜果或商品咖啡生豆提供相关服务，如种植户与农药喷洒公司，也可被认为是商业合作伙伴。

五、4C标准咖啡

4C标准咖啡是指咖啡源自验证的4C单位或买卖4C咖啡的连锁协会成员。4C协会的成员是4C标准咖啡系统的一部分，沿着这条供应链保持4C标准咖啡的身份，要求咖啡有可追溯性，有独立的核查员检查4C单位可持续发展的标准。

4C标准咖啡系统的操作是定期供给和市场需求机制，没有固定的溢价或咖啡验证4C单位提供的固定价格。然而，4C标准咖啡不只是任意的咖啡，它具有派生的附加值，就是生产、加工和交易应用基本的可持续性标准。当采购商认识到这一点附加价值，而供应商也有一个更好的平台来协商4C标准咖啡的价格时，买卖就较为顺畅。此外，4C协会可持续发展的方式能帮助种植者更好地运用农业、加工和管理操作模式，增加产量、提高质量并降低成本，帮助种植者获得更高的收入。

4C协会采用独立的第三方验证程序，以确保其成员对实施和机制这两个措施的改进，符合并达到可持续发展的基本水平，所以，4C协会不使用产品标签。

六、4C管理规则对于咖啡种植者的标准

（一）咖啡种植者必须排除10种错误做法

（1）以极端方式使用童工；

（2）囚禁和强迫使用劳工；

（3）拐卖人口；

（4）禁止成员成为工会的成员或代表；

（5）强行辞退员工而不给予合理补偿；

（6）不能提供工人所需的合适的居住场所；

（7）不能为所有员工提供饮用水；

（8）砍伐原始森林或破坏其他自然资源；

（9）使用禁用的杀虫剂；

（10）业务关系中有违背国际法、国内法和习惯做法的不正当交易。

（二）对种植者用 28 项原则衡量他们的表现和进步

4C 协会设定了一套易于理解的评定系统，红色表示停止，黄色表示有待提高，绿色表示已经实现可持续发展的最高水平。该系统可以很容易地识别咖啡种植者是否已经走上了轨道，并指出其需要做的工作和关注的领域，引导他们实现可持续发展的目标。

由独立的第三方验证确认种植者的 4C 单位的得分平均为黄色（意味着可以有一些红色的指标），随着时间的推移预计所有操作进展可以达到绿色。红色指标比绿色指标多是不能成为 4C 单位的。

七、4C 协会的运作

根据瑞士法律，4C 协会注册为一个独立的会员制组织，其总部设在德国波恩。迄今为止 4C 协会成立了四个区域办事处（非洲、巴西、中美洲和拉丁美洲、越南）。各成员在咖啡供应链上的总商品交易量（生产、贸易或烘烤）和地位决定了其应该支付的会员费：农民支付少，烘焙者支付多。非政府组织、其他成员和准成员也要交 4C 会费。4C 协会收到的捐助来自德国联邦经济合作与发展部门（BMZ）、FICA 国际合作署和荷兰乐施会（NOVIB）。

八、4C 的验证

4C 验证之前,先以一个 4C 单位进行自我评估,再由第三方验证、核查,然后将自我评估和验证等材料文件提交 4C 秘书处。验证机构会检查材料文件、采访和收集相关证明材料，随机抽查与 4C 单位相关的个体农民、合作伙伴及所涉及的业务，抽查数量约为 50%。如果需要改进，验证系统可以帮助 4C 单位改进；如果验证结果是合格的，4C 单位收到许可证后方可使用 4C 标准咖啡的标识，如图 5-7 所示。

图 5-7　4C 咖啡认证标识

第三方验证是独立的公司，而且必须是专业的。此外，认证机构必须具有一定的资格和标准：一是具有检查、系统、审计的工作经验；二是具有咖啡行业的背景和经验；三是已成功参与在 4C 验证机构的培训；四是有专职 4C 核查员。

4C 单位允许持续改进，在初期，4C 单位只需要达到平均黄色业绩评估，就可获得 4C 许可证。如果 4C 单位的红色做法多过绿色的做法，将无法销售 4C 咖啡；如果绿色的做法多过红色的做法，4C 单位将获得一个 4C 许可证并许可销售 4C 标准咖啡。

4C 单位验证的价格没有固定标准，因为这些成本取决于不同的因素，如验证需要的天数、差旅费、住宿、每日津贴、旅行时间等，根据 4C 协会的经验，外部验证（审计）的平均费用约为 2 800 欧元，变化主要取决于 4C 单位的地理位置、商业伙伴及业务合作伙伴的数量。

经独立的第三方审核通过后，获得的 4C 许可证的有效期为三年，三年后重新验证核发。4C 单位必须每年进行自我评价并发送自我评价的结果到4C秘书处。如果4C单位的生产范围扩大，第三验证方每年要到4C单位进行实地考察。此外，4C单位核查员可以在不同的地区进行突击随机验证和实地考察，以确保整个验证过程的可信度。4C单位的校正、验证时间由双方商量确定，常见的做法是在验证、认证审核前，认证机构不透露待考查种植者和企业伙伴的名单就提前进行实地考察。

九、4C标准咖啡交易

4C协会的会员交易4C标准咖啡说明。在咖啡供应链上销售4C标准咖啡的是4 C单位管理实体，管理实体负责实现4 C规则的行为、内部控制系统和交易的可追溯性,种植者个人被注册为业务合作伙伴的4 C单位，而管理实体是许可证持有人，个人业务合作伙伴并不拥有许可证，不能自行销售4 C标准咖啡到任何其他非管理实体的4C单位。参与4C咖啡交易的有：一是生产商和超过一整箱的商品咖啡生产商的团体或机构；二是收获后拥有咖啡处理设施者；三是中级买家，包括贸易商、出口商、进口商和处理器；四是最终买家，包括烘烤、可溶性制造商，自有品牌的企业和零售企业的自有品牌和连锁咖啡吧；五是咖啡代理商和经纪人。4C标准咖啡在任何时间出售给非4C成员时，将失去其4C标准咖啡的地位。因此，如果最终买家要求使用4C标准咖啡，所有的成员在各自的供应链上必须是4C协会的成员，并有会员证书证明。

4C许可证只发给已通过验证并成功的4C单位，4C单位永远属于4C会员，4C会员证书并不等同于4C许可证，会员证书颁发给4C协会的所有成员，而4C许可证是验证成功后发放给4C单位的执照。

4C供应链的每一个成员，从4C单位到最后的买家都需要通过许可证号沿供应链交易4C标准咖啡，涉及许可证编号或提单等运输文件和合同的副本相关文件，许可证可确保追溯至4C单位级别。买家应该要求供应商提供4C许可证副本，以确保有效和有相对应的4C单位。

复习思考题

1．简述精品咖啡的起源与现状。

2．美国精品咖啡协会的标准是什么？

3．咖啡生产国评价咖啡的标准是什么？

4．精品咖啡豆的特点有哪些？

5．精品咖啡豆与普通商业咖啡豆有什么区别？

6．简述精品咖啡的饮用和发展趋势。

7．什么是有机咖啡？有机咖啡有什么特点？

8．有机咖啡与普通咖啡的区别是什么？

9．有机咖啡对人体健康有什么作用？

10．为什么要选择有机咖啡？怎样选择有机咖啡？

11．简述有机咖啡的发展状况。

12．简述雨林咖啡的概念及特点。

13．使用雨林咖啡有什么益处？其市场定位如何？

14．选择雨林咖啡能解决哪些问题？

15．简述公平交易咖啡。公平交易有哪几项特点？

16．什么是 4C 协会、4C 单位？为什么要成立 4C 协会？

17．咖啡种植者的错误做法有哪些？

18．咖啡种植者必须满足什么标准才符合 4C 管理规则？

19．4C 协会如何运作？如何资助其活动？

20．简述 4C 标准咖啡交易的内容。

参 考 文 献

[1] 王欣．咖啡大全 [M]．哈尔滨：哈尔滨出版社，2007.

[2] 陈德新．中国咖啡史 [M]．北京：科学出版社，2017.

[3] 林莹、毛永年．爱上咖啡 [M]．北京：中央编译出版社，2007.

[4] 韩怀宗．精品咖啡学（上册）[M]．北京：人民大学出版社，2012.

[5] 韩怀宗．精品咖啡学（下册）[M]．北京：人民大学出版社，2012.

[6] 韩怀宗．咖啡学 [M]．北京：化学工业出版社，2013.

[7] 韩怀宗．世界咖啡学 [M]．北京：中信出版集团股份有限公司，2017.

[8] 郑万春．咖啡的历史 [M]．哈尔滨：哈尔滨出版社，2007.

[9] 玛丽·班克思，克里斯蒂娜·麦克法顿．咖啡全书 [M]．刘娟，李京廉，译．青岛：青岛出版社，2008.

[10] 张狂．恋恋咖啡情浓 [M]．北京：当代世界出版社，2006.

[11] 蒋馥安．经典咖啡 [M]．沈阳：辽宁科学技术出版社，2002.

[12] 王育玲．恋上咖啡滋味 [M]．北京：中国轻工业出版社，2003.

[13] 詹姆斯·霍夫曼．世界咖啡地图 [M]．王琪，谢博戎，黄俊豪，译．北京：中信出版集团，2016.

[14] 李学俊，崔文锐，杜华波，等．小粒种咖啡的主要成分及功能分析 [J]．2016，36（6）：71–75.

[15] 伍颜贞．咖啡的化学特性 [J]. 热带作物研究（热带农业科学），1988（1）：73–77.

[16] 刘明辉．咖啡品尝技术及提高咖啡质量的措施 [J]. 云南热作科技，1994（1）：34–38.

[17] 方卫山，牛宪伟，霍星光，等．云南小粒种咖啡豆精制加工工艺 [J]. 农产品加工（学刊），2009（10）：116–118.

[18] 徐文静. 无公害小粒种咖啡豆初加工技术和分级标准 [J]. 云南农业，2002（11）：23–24.

[19] 顾红惠，杨开正 . 小粒咖啡生豆加工与贮存 [J]. 云南农业科技，2010（2）：58–60.

[20] 黎星辉. 埃塞俄比亚咖啡生产的历史现状及前景 [J]. 经济林研究，2003（1）：97–98.

[21] 张箭. 咖啡的起源、发展、传播及饮料文化初探 [J]. 中国农史（Agricultural History of China），2006（2）：20–29.

[22] 李荣福，李亚男，罗坤. 浅析云南咖啡产业的现状与发展策略 [J]. 农业科技管理，2011，30（5）：71–74.

[23] 项铮. 中国咖啡产业前景无限 [J]. 中国科技财富，2016（12）：30–31.

[24] 姜瑞. 咖啡文化之旅 [J]. 出国与就业（就业版），2011（5）：93–94.

[25] 佚名. 健身前喝咖啡有助燃脂 [J]. 中国食品，2017（13）：160–160.

[26] 李恂. 朱苦拉存有中国最古老的咖啡林 [J]. 中国经贸，2008（9）：80.

[27] 欧阳欢. 咖啡研究历程和展望 [J]. 农业与技术，2006（4）：58–60.

[28] 李贵平，杨世贵，黄健，等. 云南咖啡种质资源调查和收集 [J]. 热带农业科技，2007（4）：17–19.

[29] 张媛，朱鹏. 云南咖啡产业链发展战略研究 [J]. 科技广场，2011（4）：97–100.

[30] 欧阳欢，龙宇宙，董云萍，等. 影响我国咖啡产业发展的非传统因素 [J]. 农业与技术，2011（4）：12–15.

[31] 艳霞．埃塞俄比亚咖啡 [J]．中外食品，2007（3）：36–37．

[32] 苗丹丹．从基础了解咖啡：产地、制作、品尝 [J]．中外食堂，2011（9）：34–35．

[33] 高碧华．咖啡杯评方法 [J]. 中外食品，2012（4）：36–38．

[34] 郑华明．咖啡豆的新包装 [J]．中国包装，2008（1）：54．

[35] 李国鹏，何红艳，罗心平，等．咖啡营养特性及营养诊断研究进展 [J]．中国农学通报，2009，25（1）：248–250.

[36] 黄家雄，李贵平，杨世贵，等．咖啡种类及优良品种简介 [J]．农村实用技术，2009（1）：51–52．

[37] 青云．咖啡引发生态灾难 [J]．科学之友，2005（11）：11．

[38] 周华，李文伟，张洪波，等．咖啡种质资源的引进、研究及利用 [J]．云南热作科技，2002，25（2）：1–6．

[39] 李岫峰，彭忠良，杨世贵，等．小粒咖啡性状与产量的关系 [J]．云南热作科技，2001，24（3）：5–6．